Mineralien

bestimmen leicht gemacht

So bestimmen Sie mit dem Kennfarben-Code:

➤ **Grüne Strichfarbe**
Seite 12–21

Hier finden Sie alle Mineralien mit grünem Strich, wie Torbernit, Malachit oder Augit.

➤ **Blaue Strichfarbe**
Seite 22–27

Hier finden Sie alle Mineralien mit blauem Strich, wie Linarit, Azurit oder Lasurit.

➤ **Rote Strichfarbe**
Seite 28–35

Hier finden Sie alle Mineralien mit rotem Strich, wie Cinnabarit, Kupfer oder Hämatit.

➤ **Gelbe Strichfarbe**
Seite 36–39

Hier finden Sie alle Mineralien mit gelbem Strich, wie Realgar, Gold oder Kakoxen.

Im Bestimmungsteil sind die Mineralien nach ihrer Strichfarbe in sieben Farbgruppen eingeteilt und nach zunehmender Härte geordnet.

➤ **Braune Strichfarbe**
Seite 40 – 47

Hier finden Sie alle Mineralien mit braunem Strich, wie Goethit, Wolframit oder Rutil.

➤ **Schwarze Strichfarbe**
Seite 48 – 67

Hier finden Sie alle Mineralien mit schwarzem Strich, wie Graphit, Galenit oder Eisen.

➤ **Weiße Strichfarbe**
Seite 68 – 121

Hier finden Sie alle Mineralien mit weißem Strich, wie Cyanit, Türkis oder Diamant.

Symbol

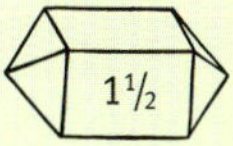

Härte des Minerals

Die Härtegrade werden nach der Mohsschen Härteskala von 1 (sehr weich) bis 10 (extrem hart) festgelegt.

Die faszinierende Welt der Mineralien

Seit ältester Zeit üben Mineralien einen geheimnisvollen Zauber auf die Menschen aus, die von ihrer Schönheit und ebenmäßigen Gestalt von jeher beeindruckt waren. Doch sind Mineralien keineswegs einfach nur »schöne Steine«. Die Wissenschaft der Mineralogie bestimmt genau, was unter dem Begriff zu verstehen ist.

Was ist ein Mineral?

Ein Mineral ist eine chemische Substanz, die eine einheitliche Zusammensetzung aufweist, eine feste Konsistenz hat und – ganz wichtig – unter natürlichen Bedingungen entstanden ist. Von Menschen hergestellte Gegenstände, seien es Kristallgläser, Schwingquarze oder künstliche Diamanten, sind definitionsgemäß keine Mineralien. Auch Gesteine, die sich aus verschiedenen kleineren oder größeren Mineralienkörnchen zusammensetzen, sind nicht als Mineralien anzusprechen, denn sie erfüllen nicht das Kriterium der Einheitlichkeit.

› Fluoritkristalle (Sadisdorf/Sachsen; bis 7 mm groß)

Was ist ein Kristall?

Kristalle sind feste chemische Substanzen, die sich dadurch auszeichnen, dass ihre kleinsten Bausteine, die Atome,

Die chemische Formel

Die Formel, die für jedes Mineral angegeben ist, beschreibt in einer Art Kurzschrift dessen chemische Zusammensetzung. Die Buchstaben stehen dabei für die verschiedenen chemischen Elemente, z. B. Fe für Eisen, die tiefgestellten Zahlen geben den Anteil des jeweiligen Elements in der Kristallzusammensetzung an.

› Feinnadelige Rutilkristalle, auf Hämatit aufgewachsen (Brasilien; Größe der Stufe 6 cm)

nach einem festen Schema angeordnet sind. In der Regel sind Kristalle von geometrischen, ebenen Flächen begrenzt. Sie können natürlich oder künstlich entstanden sein. Nur im ersten Fall handelt es sich um Mineralien.

Kristallin oder amorph?

Ideal ausgebildete Kristalle kommen in der Natur vergleichsweise selten vor. Viel öfter treten Exemplare auf, die keine ebenen Flächen haben, weil sie z. B. beim Wachstum behindert wurden oder weil ihnen die Verwitterung die ursprüngliche Form genommen hat. Solche Stücke nennt man kristallin.

Kristalline Mineralien, die keine mit dem Auge erkennbaren Kristalle ausbilden, bezeichnet man als derb.
Es gibt jedoch auch Mineralien, deren Atome nicht regelmäßig angeordnet sind. Solche Substanzen bezeichnet man als amorph. Der Opal ist ein Beispiel dafür.

Elemente

Die weitaus meisten Mineralien setzen sich aus mehreren verschiedenen chemischen Elementen zusammen. Nur einige wenige stellen Elemente in ihrer Reinform, also in gediegener Form dar. Dazu gehören z. B. Gold, Silber und Kupfer sowie Schwefel.

Mineralien einfach bestimmen

Sich von der Schönheit der Kristalle und bunten Steine faszinieren zu lassen ist eine Sache. Herauszufinden, um welches Mineral es sich bei einem bestimmten Fundstück handelt, ist eine andere. Mineralien machen es einem oft nicht gerade leicht, sie korrekt zu identifizieren, sind doch die meisten in ihrer äußeren Gestalt überaus variabel.

› Der rote Rhodochrosit hat einen weißen Strich. (Siegerland; Größe 1,5 cm)

Die Strichfarbe

Ein charakteristisches und daher für die Bestimmung wichtiges Merkmal eines Minerals ist seine Strichfarbe, kurz auch Strich genannt. Sie kann, muss aber nicht mit der augenscheinlichen Farbe des Minerals übereinstimmen. Die äußere Farberscheinung wird häufig durch Spuren von Fremdelementen oder durch Störungen im Kristallaufbau verursacht, die Strichfarbe hingegen stellt immer die Eigenfarbe des Minerals dar. So kann etwa Fluorit in den verschiedensten Farben auftreten, sein Strich ist jedoch stets weiß.

Die Härte

Auch die Härte stellt eine für jede Mineralart charakteristische Eigenschaft dar, die relativ leicht festzustellen ist. Grundlage der Härtebestimmung ist die Mohssche Härteskala. Sie reicht von 1 bis 10 und entspricht einer Folge von zehn Mineralien, von denen jedes die in der Reihe vor ihm stehenden ritzt. Anfang und Ende der Reihe bilden Talk (Härte 1) und Diamant (Härte 10). Probierstücke der zehn Vergleichsmineralien gibt es als Sets im Handel.

Die Dichte

Mineralien können leicht oder schwer sein. Vergleichen lassen sich selbstverständlich

Malachit bildet oft nierige oder kugelige Aggregate.

Torbernit kommt häufig als dünntafelige Kristalle vor.

nur jeweils ungefähr gleich große Stücke. Das Gewicht eines Stücks, bezogen auf seine jeweilige Größe, wird in der Wissenschaft Dichte oder spezifisches Gewicht genannt und hat für jedes Mineral einen charakteristischen Wert.

Mild oder spröde?

Auch das Verhalten eines Minerals beim Ritzen lässt oft Rückschlüsse auf seine Identität zu. Ritzt man unter einer Lupe mit einer Stahlnadel über das Mineral und es springen dabei kleine Mineralsplitter weg, ist das Mineral spröde. Bleibt das abgeriebene Pulver neben der Ritzspur liegen, bezeichnet man das Mineral als mild. Erhält man nur eine Ritzspur ohne pulvriges Material, ist das Mineral schneidbar.

Agardit tritt immer als feinnadelige Büschel auf.

BESTIMMUNGSHILFE STRICHTAFEL

Um die Strichfarbe eines Minerals erkennen zu können, reibt man es mit einer Ecke oder Kante mit etwas Druck über ein weißes, unglasiertes Porzellantäfelchen, eine so genannte Strichtafel, wie sie für einen geringen Betrag im Fachhandel erhältlich ist.

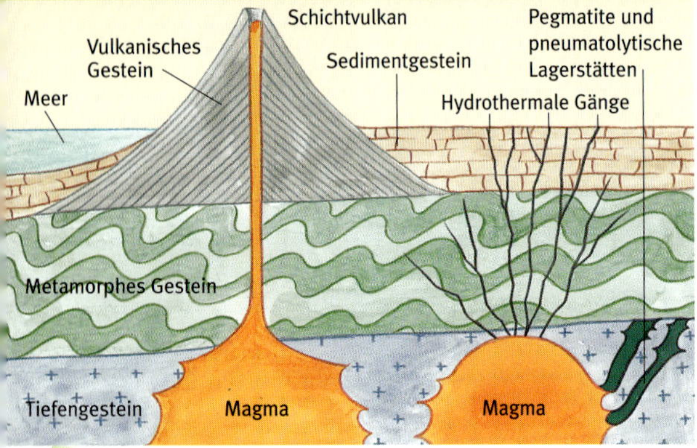

› Eine Kenntnis der verschiedenen Lagerstättenarten ist bei der Mineraliensuche hilfreich.

Vorkommen von Mineralien

Viele Mineralien entstehen durch Auskristallisieren aus einer Lösung, aus Dampf oder der glutflüssigen Gesteinsschmelze, dem Magma. Wenn sich die Druck- und/oder Temperaturverhältnisse drastisch ändern, können sich bereits gebildete Mineralien auch in andere umwandeln. Die auf diese Weise entstandenen neuen Mineralienarten nennt man metamorph. Schließlich gibt es auch noch Mineralien, die an der Erdoberfläche aus anderen Mineralien durch Reaktionen mit dem Luftsauerstoff, durch Verwitterung, Abtragung und Ablagerung (Sedimentation) entstanden sind.

Im Fels verborgen

Als gut ausgebildete Kristalle kommen Mineralien eigentlich nur in Felsen oder sonstigem festen Gestein vor, entweder in Hohlräumen oder in das Gestein eingewachsen. In Tiefengestein finden sich fast immer Bereiche aus besonders grobkörnigen Gesteinen, den so genannten Pegmatiten. Darin sind oft Mineralien in Form großer Kristalle eingewachsen, etwa Beryll, Topas oder Turmalin. Wenn eine Spalte oder ein

Mineralgesellschaften

Oft bilden sich unter bestimmten physikalischen und chemischen Bedingungen an einem Ort nicht nur eine, sondern mehrere Mineralienarten. Solch ein gemeinsames Vorkommen mit anderen Arten kann für ein Mineral ausgesprochen typisch sein und daher eine wertvolle Bestimmungshilfe darstellen.

Riss im Gestein durch Mineralbildungen ausgefüllt wird, entsteht ein Gang. Gewöhnlich kristallisieren Gangmineralien aus heißen Lösungen aus, man spricht dann von hydrothermalen Gängen.

Mit Luft und Wasser

Etliche Mineralien treten nur in der Oxidationszone auf. Das ist der Bereich nahe der Erdoberfläche, an dem Luft und Wasser zutreten können. Besonders verwitterungsbeständige Mineralien mit hoher Dichte, z. B. Gold, Granat oder Rutil, können sich in Flusssand oder am Meeresstrand anreichern. Solche Anreicherungen nennt man Seifen.

› Erzgang in Gesteinsbrocken (Freiberg/Sachsen; 50 cm)

› Abgeschliffener pegmatitischer Gang mit Drusen

› Erzgang mit Oxidationsmineralien in einem Bergwerk

Mineralien bestimmen

> Chloritüberzüge sind typisch für alpine Klüfte. Hier bedeckt graugrüner Chlorit einen weißen Feldspat. (Tavetsch/Schweiz; 6 cm)

Chlorit

(Fe,Mg,Al)$_6$[(OH)$_2$/(Si,Al)$_4$O$_{10}$] (Silikat)

STRICHFARBE: Grün, seltener Braun oder Weiß
DICHTE UND KRISTALLFORM: 2,6 – 3,3 g/cm^3; monoklin
AUSSEHEN: Chlorit, in dessen Namen das griechische Wort chloros, d. h. grün, steckt, ist fast immer grün gefärbt, gewöhnlich sehr dunkelgrün. Er kristallisiert in durchscheinenden, dickeren oder dünneren, zumeist sechseckigen Tafeln, wobei er gelegentlich auch Rosetten bildet. Häufiger jedoch kommt er als massive, schuppige, körnige oder sandige Aggregate vor. Die geschichteten, glasartig oder perlmuttartig glänzenden Kristalle lassen sich vollkommen spalten.
VORKOMMEN: In Chloritschiefer und verschiedenen Sedimenten gesteinsbildend; hydrothermal entstandener Chlorit auf alpinen Klüften.
(Großes Bild: Val Casaccia/Schweiz; 1 cm)

TYPISCH
Die biegsamen Spaltblättchen des Chlorits lassen sich bereits mit dem Fingernagel ritzen. Beim Ritzen erweisen sie sich als mild.

› Die tafeligen Kristalle von Torbernit weisen eine glimmerähnliche Spaltbarkeit auf. (Rudolfstein/Fichtelgebirge; Kristallgröße 5 mm)

Torbernit

$Cu[UO_2/PO_4]_2 \cdot 8{-}12H_2O$ (Kupfer-Uran-Phosphat)

STRICHFARBE: Grün

DICHTE UND KRISTALLFORM: 3,3 – 3,7 g/cm³; tetragonal

AUSSEHEN: Das auch als Kupferuranglimmer bezeichnete, intensiv grüne Mineral kristallisiert gewöhnlich in dünneren oder dickeren Täfelchen, die vollkommene Spaltbarkeit aufweisen. Daneben kommt es in blättrigen oder schuppigen Aggregaten vor, auch erdige oder krustige Ausbildungen sind nicht selten.

VORKOMMEN: Torbernit ist ein typisches Mineral der Oxidationszonen und tritt vor allem auf Klüften von Graniten auf. Oft wird er begleitet von Autunit, aber auch von Fluorit oder Baryt.

BESONDERES: Aufgrund seines Urangehalts ist Torbernit radioaktiv. Man sollte ihn nicht in Wohnräumen aufbewahren. (Großes Bild: Vogtland/Sachsen; 12 mm)

TYPISCH

Torbernit verhält sich beim Ritzen spröde. Im Gegensatz zum bisweilen recht ähnlichen Autunit fluoresziert er unter UV-Licht nicht.

Chrysokoll

$CuSiO_3$ (Kupfer-Silikat)

STRICHFARBE: Weißliches Grün
DICHTE UND KRISTALLFORM: 2,0 – 2,2 g/cm^3; zumeist als amorphes Mineral auftretend, d.h. ohne innere Kristallstruktur
AUSSEHEN: Typisch für den durchscheinenden bis undurchsichtigen Chrysokoll sind trauben- oder nierenförmige Massen. Auch als dünne Überzüge und Krusten kommt er häufig vor. Die Farbe variiert von Grün bis Blau mit allen Zwischenstufen, der Glanz wirkt glasartig oder fettig.
VORKOMMEN: In der Oxidationszone von Kupferlagerstätten; nicht selten durchdrungen von Limonit oder Malachit.
VERWENDUNG: Schon in der Antike wurden Schmuckgegenstände aus Chrysokoll gefertigt. Auch heute noch verwendet man ihn gelegentlich dafür.
(Bild: Eilat/Israel; Breite 6 cm)

TYPISCH

Als amorphes Mineral lässt sich Chrysokoll nicht mit glatten Flächen spalten, seine Bruchflächen sehen muschelig aus.

Olivenit

$Cu_2[OH/AsO_4]$ (Kupfer-Arsenat)

TYPISCH
Typisch für den Olivenit sind die nadeligen Kristalle, während ähnlich dunkelgrüner Adamin praktisch nie so feinnadelig ist.

STRICHFARBE: Gelbgrün bis Olivgrün
DICHTE: 4,3 g/cm^3
KRISTALLFORM: Orthorhombisch
AUSSEHEN: Meist ist das spröde, wie Glas oder Seide glänzende Mineral olivgrün getönt, was ihm seinen Namen verlieh. Doch auch in Schwarzgrün, Braun oder Weißlich kommt es vor. Seine durchweg kleinen Kristalle können prismatisch bis tafelig sein, aber auch nadelförmig oder haarfein. Oft sind sie in Büscheln angeordnet. Holzartig faserige Aggregate werden Holzkupfererz genannt. Ebenso tritt Olivenit in trauben- oder nierenförmiger Ausbildung oder als erdige Masse auf. Er lässt sich nicht glatt spalten, Bruchflächen sind muschelig.
VORKOMMEN: In der Oxidationszone von Kupferlagerstätten, häufig in Begleitung von Azurit und Malachit.
(Bild: Cornwall/Großbritannien; Länge der Nadeln 1 mm)

> Die zarten Kristallbüschel von Agardit sind gewöhnlich nur wenige Millimeter groß. (Lavrion/Griechenland; Länge der Nadeln 1 mm)

Agardit

$(SE,Ca)_2Cu_{12}[(OH)_{12}/(AsO_4)_6] \cdot 6H_2O$
(Kupfer-Arsenat)

STRICHFARBE: Grünlich
DICHTE UND KRISTALLFORM: 3,6 – 3,7 g/cm^3; hexagonal
AUSSEHEN: Agardit bildet dichte Büschel winziger nadel- bis haarfeiner Kristalle, die gelblich grün bis bläulich grün gefärbt sind. Sie weisen einen glasartigen bis seidigen Glanz auf.
VORKOMMEN: In der Oxidationszone von Kupferlagerstätten, z. B. in Marokko, in Lavrion (Griechenland) oder auch im Schwarzwald sowie in Sachsen; typische Begleitmineralien sind z. B. Adamin, Olivenit und Limonit.
BESONDERES: Im Kristallaufbau des Agardits sind Elemente enthalten, die den so genannten Seltenen Erden (SE) zugerechnet werden.
(Großes Bild: Schwarzwald; 5 mm)

TYPISCH
Im Vergleich mit dem eher weißlich grünen Olivenit bildet Agardit die feineren Nadeln und ist stets gelblich oder bläulich grün.

› Nieren- oder traubenförmige Malachite zeigen im Querschnitt oft eine achatartige Bänderung. (Schwaz/Österreich; 8 cm)

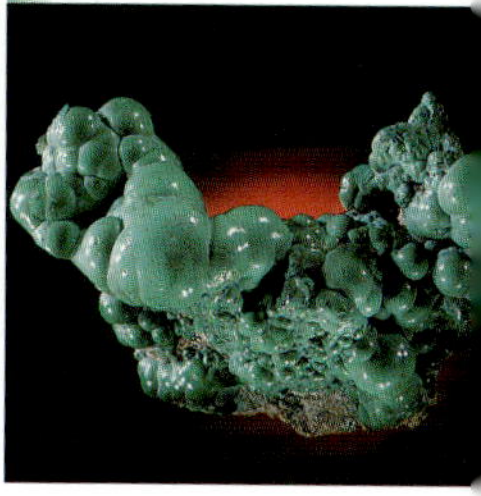

Malachit

$Cu_2[(OH)_2/CO_3]$ (Kupfer-Karbonat)

STRICHFARBE: Grün
DICHTE UND KRISTALLFORM: 4,0 g/cm^3; monoklin
AUSSEHEN: Wenn Malachit Kristalle bildet, sind diese meist nadelförmig dünn und stehen in Büscheln beieinander. Vorwiegend tritt das Mineral aber derb, in nierenförmigen Aggregaten oder erdigen Belägen auf. Es glänzt glas- oder seidenartig. Die Färbung reicht von Hellgrün über intensiv Dunkelgrün bis hin zu Schwarzgrün, wobei sich die verschiedenen Farben oft in Streifen abwechseln.
VORKOMMEN: Überall, wo Kupfermineralien auftreten, in der Oxidationszone.
VERWENDUNG: Seit ältester Zeit wird Malachit als Schmuckstein verarbeitet. Die alten Ägypter verwendeten ihn in pulverisierter Form auch als Schminke. (Großes Bild: Siegerland; Nadeln 2 mm)

TYPISCH
Malachit braust auf, wenn man ihn mit verdünnter Salzsäure betupft. Er tritt meist zusammen mit Azurit und Limonit auf.

› Ebenso wie Malachit tritt auch Pseudomalachit oft als nierenförmige Knollen auf. (Ural/Russland; Breite der ganzen Stufe etwa 9 cm)

Pseudomalachit

$Cu_5[(OH)_2/PO_4]_2$ (Kupfer-Phosphat)

STRICHFARBE: Grün
DICHTE UND KRISTALLFORM: 4,3 g/cm^3; monoklin
AUSSEHEN: Das Mineral bildet nur selten einzelne Kristalle, die dann zumeist tafelig sind. Gewöhnlich kommt es in Form krustiger, tropfsteinartiger, kugeliger oder nieren- bis traubenförmiger Aggregate vor. Im Innern weisen diese Aggregate eine faserige oder radialstrahlige Struktur auf. Pseudomalachit ist durchscheinend, zeigt eine dunkel- bis schwarzgrüne Färbung und einen glasartigen bis fettigen Glanz.
VORKOMMEN: In der Oxidationszone von Kupferlagerstätten, meist zusammen mit Malachit.
(Großes Bild: Portugal; in Quarz, 4 cm)

TYPISCH
Pseudomalachit tritt praktisch nie zusammen mit Azurit auf. Bei einem grünen Begleitmineral von Azurit handelt es sich also mit großer Sicherheit um Malachit, nicht um Pseudomalachit.

› Dioptas kann auch eine intensive blaugrüne Färbung haben. (Kirgistan; Größe der Kristalle bis zu 1,5 cm)

Dioptas

$Cu_6[Si_6O_{18}] \cdot 6H_2O$ (Kupfer-Silikat)

STRICHFARBE: Grün
DICHTE UND KRISTALLFORM: 3,3 g/cm³; trigonal
AUSSEHEN: Dioptas bildet durchsichtige bis durchscheinende, vorwiegend prismatische Kristalle. In seltenen Fällen kommt er auch als derbe Masse vor. Er zeichnet sich durch eine tiefgrüne Färbung und intensiven Glasglanz aus. Bruchflächen sehen muschelig aus.
VORKOMMEN: In der Oxidationszone von Kupfererzlagerstätten und in Hohlräumen umgebender Gesteine, oft zusammen mit Cerussit, Malachit oder Azurit.
VERWENDUNG: Insbesondere klar durchscheinende Exemplare, die einen starken Glanz aufweisen, werden gelegentlich zu Schmucksteinen geschliffen.
(Großes Bild: Kirgistan; Kristalle bis 1 cm)

TYPISCH

Mit einer Lupe kann man an Dioptaskristallen erkennen, dass sie an der Spitze immer drei Endflächen aufweisen. Das unterscheidet sie von allen anderen grünen Mineralien.

Aktinolith

$(Ca,Fe)_2(Mg,Fe)_5[OH/Si_4O_{11}]_2$ (Silikat)

STRICHFARBE: Grünlich
DICHTE UND KRISTALLFORM: 2,9 – 3,1 g/cm^3; monoklin
AUSSEHEN: Der hell- bis dunkelgrüne, glasartig glänzende Aktinolith kann mehr oder weniger durchscheinend oder undurchsichtig sein. In seltenen Fällen tritt er auch völlig durchsichtig auf. Er bildet meist stängelige bis nadelige Kristalle, die oft strahlig in das Gestein eingewachsen sind. Daher rührt der deutsche Name Strahlstein für das Mineral.
VORKOMMEN: Als gesteinsbildendes Mineral Bestandteil von Talk- und Chloritschiefern; auch auf alpinen Klüften.
BESONDERES: Durch Spuren von Chrom erhält der Aktinolith eine intensiv smaragdgrüne Tönung. Eine derart gefärbte Varietät wird Smaragdit genannt.
(Bild: Zillertal/Österreich; bis 2,5 cm)

TYPISCH
Spaltet man Aktinolith durch Zerschlagen, stehen die Spaltflächen zueinander in einem Winkel von etwa 120 Grad.

Augit

$(Ca,Mg,Fe)_2[(Si,Al)_2O_6]$ (Silikat)

TYPISCH
Augit zeigt beim Zerschlagen Spaltflächen mit Winkeln von 90 Grad, wodurch er sich sicher von Aktinolith unterscheidet.

STRICHFARBE: Grünlich
DICHTE: 3,3 – 3,5 g/cm^3
KRISTALLFORM: Monoklin
AUSSEHEN: Typischerweise kommt Augit in Form kurzer oder längerer prismatischer Kristalle mit einem achteckigen Querschnitt vor, die in Gestein ein- oder aufgewachsen sind. Doch auch in nadeliger, körniger oder derber Ausbildung kann er auftreten. Das dunkelgrüne bis schwarze Mineral ist durchscheinend oder auch völlig undurchsichtig und glänzt glasartig. Bruchflächen sind nicht glatt, sondern weisen eine deutlich muschelige Struktur auf.
VORKOMMEN: Häufig auftretendes, gesteinsbildendes Mineral, hauptsächlich in vulkanischen Gesteinen wie Basalt oder Tuffstein; charakteristisches Begleitmineral ist z. B. Hornblende. (Bild: Italien; Kristallgröße 1 cm)

> In seltenen Fällen kann Chalkanthit auch in Form von blaugrünen Kristallen vorkommen. (Rumänien; Kristallgröße 2–3 mm)

Chalkanthit

$CuSO_4 \cdot 5H_2O$ (Kupfer-Sulfat)

STRICHFARBE: Hellblau
DICHTE UND KRISTALLFORM: 2,2–2,3 g/cm³; triklin
AUSSEHEN: Das auch als Kupfervitriol bezeichnete Mineral bildet gewöhnlich nur winzige Kristalle, die kurz prismatisch oder aber tafelig sein können. Meist überzieht es die Gesteinsunterlage in körnigen oder nierigen Krusten. Die durchscheinenden, glänzenden Kristalle zeigen eine intensiv blaue Färbung.

TYPISCH
Seine Wasserlöslichkeit unterscheidet den Chalkanthit eindeutig von den oft sehr ähnlichen Mineralien Azurit und Lirokonit.

VORKOMMEN: Nur in der Oxidationszone von Kupferlagerstätten, oft in Begleitung von Azurit oder Malachit; hauptsächlich in trockenen Regionen der Erde.
BESONDERES: Chalkanthit löst sich in Wasser auf. An Luft zerfällt er allmählich zu weißlichem Staub. Stücke daher in geschlossenen Gefäßen aufbewahren! (Großes Bild: Arkansas/USA; 1 cm)

Linarit

$PbCu[(OH)_2/SO_4]$
(Blei-Kupfer-Sulfat)

TYPISCH
Bringt man Linarit in Kontakt mit verdünnter Salzsäure, bildet sich innerhalb weniger Minuten ein weißer Überzug über dem Mineral.

STRICHFARBE: Hellblau
DICHTE: 5,3 – 5,5 g/cm³
KRISTALLFORM: Monoklin
AUSSEHEN: Die glänzenden, dunkelblauen Kristalle sind zumeist prismatisch, seltener tafelig. Sie stehen einzeln oder in Gruppen auf ihrer Unterlage. In anderen Fällen zeigt das Mineral eine erdige Ausprägung oder bildet Krusten, gelegentlich auch Knollen.
VORKOMMEN: In der Oxidationszone von Blei- und Kupferlagerstätten weit verbreitet, aber nirgendwo in größerer Menge auftretend; häufig in Begleitung von Chalkanthit, Galenit, Chalkopyrit, Malachit oder Cerussit.
BESONDERES: Hält man ein Linaritstück in eine Flamme, so schmilzt es, knistert dabei hörbar und färbt sich sodann schwarz. (Bild: Schwarzwald; Länge der Nadeln 1 mm)

Lirokonit

$Cu_2Al(AsO_4)(OH)_4 \cdot 4H_2O$
(Kupfer-Aluminium-Arsenat)

STRICHFARBE: Blau bis Blaugrün
DICHTE UND KRISTALLFORM: 3,0 g/cm^3; monoklin
AUSSEHEN: Lirokonit zeigt eine blaue bis blaugrüne Färbung und einen schönen Glasglanz. Er bildet entweder Kristalle in Form abgeflachter Doppelpyramiden mit gerieften Flächen oder gerundete, linsenförmige Gebilde, weshalb man ihn auch Linsenerz nennt. Zudem tritt er derb und körnig auf.
VORKOMMEN: In der Oxidationszone von Kupferlagerstätten; typische Begleitmineralien sind Azurit und Malachit. Wirklich gut ausgebildete Kristalle wurden weltweit bisher nur in den alten Zinn- und Kupfergruben Cornwalls gefunden, die heute alle geschlossen sind.
(Bild: Cornwall/Großbrit.; bis 1,2 cm)

TYPISCH
Lirokonit besitzt nur eine schlechte, meist mit dem Auge nicht erkennbare Spaltbarkeit und zeigt muschelige Bruchflächen.

Azurit

$Cu_3[OH/CO_3]_2$
(Kupfer-Karbonat)

TYPISCH
Die tiefblaue Farbe in der Kombination mit Gasbildung bei Kontakt mit verdünnter Salzsäure unterscheiden Azurit von allen anderen Mineralien.

STRICHFARBE: Blau
DICHTE: 3,7 – 3,9 g/cm^3
KRISTALLFORM: Monoklin
AUSSEHEN: Der tiefblaue, glasig glänzende Azurit, auch unter dem Namen Kupferlasur bekannt, präsentiert sich vielgestaltig. Seine Kristalle können säulenförmig oder tafelig, vielflächig und blank sein, aber ebenso zu Krusten oder kugeligen Gruppen zusammengewachsen sein. Auch derb tritt er auf.
VORKOMMEN: Auf der ganzen Welt verbreitet, in den Oxidationszonen von Kupferlagerstätten; meist zusammen mit Malachit.
VERWENDUNG: Von jeher stellte man aus zerriebenem Azurit blaue Malfarbe her, die jedoch im Lauf der Jahrhunderte grün wurde, weil sich Azurit allmählich in Malachit umwandelt.
(Bild: Kanton/China; Größe der Kristalle etwa 6,5 cm)

Cyanotrichit

$Cu_4Al_2[(OH)_{12}/SO_4] \cdot 2H_2O$
(Kupfer-Aluminium-Sulfat)

STRICHFARBE: Blassblau
DICHTE UND KRISTALLFORM: 2,7 – 2,9 g/cm^3; orthorhombisch
AUSSEHEN: Das seltene Mineral bildet igelförmige Büschel winziger nadeliger Kristalle in Himmelblau. Die glasig oder seidig glänzenden, kurzen Nadeln können haarfein sein und so dicht zusammenstehen, dass das ganze Gebilde den Eindruck von Samt erweckt. Tatsächlich heißt der Cyanotrichit deshalb mit deutschem Namen auch Kupfersamterz.
VORKOMMEN: In der Oxidationszone von Kupferlagerstätten, zumeist in Begleitung von Azurit oder Malachit.
BESONDERES: Cyanotrichit löst sich in verdünnter Salzsäure ohne Sprudeln auf. (Bild: Südfrankreich; Nadellänge 6 mm)

TYPISCH
Cyanotrichit löst sich nur in Säuren auf, nicht jedoch in Ammoniak, was ihn vom sehr ähnlichen Aurichalcit unterscheidet.

› Gut ausgebildete Lasuritkristalle kommen äußerst selten vor. Die abgebildeten stammen aus Afghanistan und sind etwa 1 cm groß.

Lasurit | Lapislazuli

$Na_8[S/(AlSiO_4)_6]$ (Silikat)

Strichfarbe: Kräftiges Blau
Dichte und Kristallform: 2,4 g/cm^3; kubisch
Aussehen: Lasurit ist undurchsichtig und mehr oder weniger intensiv blau gefärbt. Er glänzt glasartig, auf Bruchflächen fettig. Häufig zeigt er weiße Calcit- und/oder goldfarbene Pyriteinschlüsse – deren Vorhandensein ein Hinweis für die Echtheit des Steins ist. Nur selten findet man große, gut ausgebildete Kristalle, meist tritt das Mineral in derber Form auf.
Vorkommen: In Marmoren.
Verwendung: Seit alters dient Lasurit als Schmuckstein. Gemahlen nutzt man ihn heute wie einst als hochwertige blaue Malfarbe, Ultramarin genannt.
(Großes Bild: Afghanistan; 2 cm)

Typisch
Charakteristisch für Lasurit sind weiße und goldfarbene Einschlüsse. Sie unterscheiden ihn von gefärbtem Jaspis, der oft als »Deutscher Lapis« angeboten wird.

Erythrin | Kobaltblüte

$Co_3(AsO_4)_2 \cdot 8H_2O$ (Kobalt-Arsenat)

STRICHFARBE: Rosarot
DICHTE UND KRISTALLFORM: 3,1 g/cm^3; monoklin
AUSSEHEN: Die nadeligen bis schmal tafeligen Kristalle sind rosa- bis purpurrot mit einem Stich ins Violette. Sie haben eine geriefte Oberfläche und zeigen Glasglanz. Gewöhnlich bilden sie blättrige, büschelige oder sternförmige Aggregate. Aber auch derb, nierig, erdig oder als Anflug auf anderen Mineralien tritt der durchaus häufige Erythrin auf.
VORKOMMEN: In der Oxidationszone von kobalthaltigen Erzen, häufig in Begleitung des grünen Annabergits.
VERWENDUNG: Während Erythrin selbst technisch nicht von Bedeutung ist, dient er als sicheres Zeigermineral bei der Suche nach kobalthaltigem Gestein.
(Bild: Schneeberg/Sachsen; Garbe 3,5 cm)

TYPISCH
Erythrin löst sich in verdünnter Salzsäure auf, die Lösung färbt sich dabei rosa. Er weist eine vollkommene Spaltbarkeit auf.

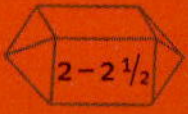

Cinnabarit | Zinnober

HgS (Quecksilber-Sulfid)

TYPISCH

Schön ausgebildete Kristalle kommen bei Cinnabarit nur selten vor, und wenn, sind sie kaum jemals größer als 1 cm.

STRICHFARBE: Kräftiges Rot
DICHTE: 8,1 g/cm^3
KRISTALLFORM: Trigonal
AUSSEHEN: Meist tritt Cinnabarit derb, als körnige bis erdige Masse oder als pulveriger Überzug auf Gestein auf. Gelegentlich bildet er aber auch dicktafelige bis rhomboedrische Kristalle. Er zeigt ein intensives Zinnoberrot und Diamantglanz an Kristall- und Spaltflächen, erdige Massen können völlig matt sein.
VORKOMMEN: In hydrothermalen Gängen, in der Oxidationszone von Erzlagerstätten, an Austrittsstellen vulkanischer Gase.
VERWENDUNG: Schon in der Antike diente pulverisierter Cinnabarit zur Herstellung roter Malfarbe. Die Römer waren die Ersten, die aus dem Mineral durch Destillation Quecksilber gewannen. Bis heute ist Cinnabarit das wichtigste Quecksilbererz.
(Bild: China; Länge des Kristalls 2,3 cm)

Proustit

Ag_3AsS_3 (Silber-Arsen-Sulfid)

STRICHFARBE: Scharlachrot
DICHTE UND KRISTALLFORM: 5,5 – 5,7 g/cm^3; trigonal
AUSSEHEN: Das mit altem Namen auch Lichtes Rotgültigerz genannte Mineral ist leuchtend rot gefärbt. Seine prismatischen bis pyramidenförmigen, durchscheinenden Kristalle glänzen diamantähnlich bis metallisch. Häufiger kommt Proustit allerdings derb, körnig oder als Anflug auf einem anderen Mineral vor.

TYPISCH
Proustit verliert im Licht allmählich den Glanz und färbt sich grau bis schwarz. Sammlerstücke daher lichtgeschützt aufbewahren!

VORKOMMEN: In Silbererzgängen, häufig in Begleitung von Pyrargyrit, gediegenem Silber oder Rhodochrosit.
VERWENDUNG: Proustit zählt zu den so genannten edlen Silbererzen. So bezeichneten Bergleute Erze mit hohem Silbergehalt, die bevorzugt zur Silbergewinnung herangezogen wurden.
(Bild: Schneeberg/Sachsen; Kristalle 1 cm)

Pyrargyrit

Ag_3SbS_3 (Silber-Antimon-Sulfid)

STRICHFARBE: Kirschrot
DICHTE: 5,9 g/cm^3
KRISTALLFORM: Trigonal
AUSSEHEN: Der auch als Dunkles Rotgültigerz bezeichnete Pyrargyrit ist tiefrot bis grauschwarz mit metallischem Glanz, erscheint im Gegenlicht aber durchscheinend rot. Er kommt nicht nur als Kristalle, sondern auch in derber, körniger Form vor.
VORKOMMEN: Gemeinsam mit Proustit in hydrothermalen Gängen von Blei- und Zinkerzen, häufig zusammen mit Akanthit und gediegenem Silber, ebenso mit Dolomit, Quarz oder Calcit.
VERWENDUNG: Wie Proustit ist auch Pyrargyrit ein edles Silbererz, aus dem metallisches Silber gewonnen wird.
BESONDERES: Stücke vor Licht schützen, sie werden sonst schwarz. (Bild: St. Andreasberg/Harz; Größe der Kristalle 1 cm)

TYPISCH

Auch ganz dunkel angelaufener Pyrargyrit lässt sich identifizieren, wenn man ein winziges Körnchen auf weißem Papier zerdrückt. So erkennt man gut die rote Strichfarbe.

Kupfer

Cu

STRICHFARBE: Kupferrot, metallisch glänzend
DICHTE UND KRISTALLFORM: 8,9 g/cm³; kubisch
AUSSEHEN: Gediegenes Kupfer bildet nur sehr selten Kristalle, meist tritt es als derbe Masse oder in skelett-, blech- oder drahtartigen Formen auf. Frische Oberflächen glänzen metallisch.
VORKOMMEN: Vor allem in tiefen Schichten von Kupfererzlagern, aber auch in Hohlräumen vulkanischer Gesteine.

TYPISCH
Oft ist gediegenes Kupfer dunkel angelaufen. Kratzt man an einer unauffälligen Stelle, kommt aber immer die frische Kupferfarbe zum Vorschein.

VERWENDUNG: Seit ältester Zeit findet Kupfer zur Herstellung von Gefäßen, Beschlägen und Münzen Verwendung. Sowohl Messing wie auch Bronze sind wichtige und bekannte Kupferlegierungen. Heute benötigt die Elektroindustrie sehr viel Kupfer für elektrische Leitungen. (Bild: Michigan/USA; 3 cm)

Krokoit

$PbCrO_4$ (Blei-Chromat)

STRICHFARBE: Orangerot
DICHTE: 5,9–6,0 g/cm^3
KRISTALLFORM: Monoklin
AUSSEHEN: Das bisweilen auch als Rotbleierz bezeichnete, seltene Mineral zeichnet sich durch ein intensives Rot aus, das gelegentlich einen Stich ins Gelbe zeigt. Seine fett- bis diamantartig glänzenden, durchscheinenden Kristalle sind meist nadelig bis prismatisch und tragen eine feine Längsstreifung. Doch kann Krokoit auch derb oder als bloßer Anflug auftreten.
VORKOMMEN: In der Oxidationszone von Bleilagerstätten, wenn dort z. B. Sickerwasser Spuren von Chrom enthält.
BESONDERES: Bei den ersten chemischen Untersuchungen von Krokoit entdeckte der französische Chemiker Nicolas Vauquelin 1797 das Element Chrom.
(Bild: Ural/Russland; Größe der Platte 9,5 cm)

TYPISCH

Durch seine orangerote Strichfarbe und das Vorkommen zusammen mit anderen Bleimineralien lässt sich Krokoit sicher erkennen.

Cuprit

Cu_2O (Kupfer-Oxid)

STRICHFARBE: Braunrot
DICHTE UND KRISTALLFORM: 6,2 g/cm^3; kubisch
AUSSEHEN: Der tiefrote bis schwarzrote Cuprit wird mit einem alten Bergmannsnamen auch Rotkupfererz genannt. Er kann oktaedrische oder würfelförmige Kristalle bilden, ebenso aber auch körnige Aggregate oder derbe Massen. Tritt er als Büschel haarfeiner Kristalle auf, nennt man ihn **Chalkotrichit**. Die durchscheinenden, glänzenden Kristalle zeigen oft einen leichten Metallglanz.
VORKOMMEN: Verbreitet in der Oxidationszone von Kupferlagerstätten, typischerweise zusammen mit Malachit.
VERWENDUNG: Cuprit ist nur an wenigen Orten so angereichert, dass ein Abbau als Kupfererz wirtschaftlich ist.
(Bild: Zaire; Kristallgröße 5 mm)

TYPISCH

Im Lauf der Zeit wandelt sich Cuprit in Malachit um. Häufig tragen Cupritstücke daher einen Überzug aus grünem Malachit.

› Kugelige Aggregate mit glatter Oberfläche bezeichnet man als **Roter Glaskopf.** (Cumberland/Großbritannien; Breite 6 cm)

Hämatit

Fe_2O_3 (Eisen-Oxid)

Strichfarbe: Rot bis Rotbraun
Dichte und Kristallform: 5,2 – 5,3 g/cm^3; trigonal
Aussehen: Der auch Roteisenstein, Eisenglanz und Blutstein genannte Hämatit kann derb, erdig oder krustig auftreten, ebenso als pyramidale oder tafelige Kristalle. Dünne Plättchen sind oft zu Rosetten, sog. **Eisenrosen,** angeordnet (großes Bild). Die Färbung des matten bis stark metallisch glänzenden Minerals reicht von Blutrot bis Grauschwarz.
Vorkommen: Häufig in metamorphen wie in Tiefen- und Sedimentgesteinen, ebenso in hydrothermalen Gängen und an Austrittsstellen vulkanischer Gase.
Verwendung: Anreicherungen in Sedimentgestein stellen hochwertiges Eisenerz dar; auch Schmuckstein.
(Großes Bild: Binntal/Schweiz; 2 cm)

Typisch

Enthält der spröde und muschelig brechende Hämatit geringe Verunreinigungen von Titan, ist seine Strichfarbe Schwarz.

Realgar

AsS (Arsen-Sulfid)

STRICHFARBE: Orangegelb
DICHTE UND KRISTALLFORM: 3,5 – 3,6 g/cm^3; monoklin
AUSSEHEN: Der in der Natur nicht häufige Realgar ist tiefrot bis leicht orangerot gefärbt und zeigt einen diamant- bis fettartigen Glanz. Oft bildet das Mineral dichte, schuppig wirkende Aggregate, nicht selten ist es auch nur pulverig ausgebildet.
VORKOMMEN: In Erzgängen mit arsenhaltigen Erzmineralien, am Rand heißer Quellen, auf Klüften von Ton und Kalkstein; typischerweise in Begleitung von Auripigment.
VERWENDUNG: Früher wurde Realgar in pulverisierter Form als Malfarbe genutzt. Heute dient er zur Gewinnung von Arsen und zur Herstellung von leuchtend weiß strahlenden Feuerwerkskörpern.
(Bild: Rumänien; Größe bis 1,2 cm)

TYPISCH
Die zumeist nur recht kleinen Kristalle von Realgar können entweder durchscheinend oder völlig undurchsichtig sein.

› Auripigment lässt einen deutlichen Fettglanz erkennen. (Mazedonien; Kristallgröße 5 mm)

Auripigment

As_2S_3 (Arsen-Sulfid)

STRICHFARBE: Hellgelb
DICHTE UND KRISTALLFORM: 3,5 g/cm^3; monoklin
AUSSEHEN: Die Farbe von Auripigment reicht von Zitronengelb bis Orangegelb. Das Mineral kann linsenförmig, strahlig, blättrig oder derb auftreten, sehr selten bildet es schöne Kristalle. Dünne Blättchen lassen sich biegen und mit dem Messer schneiden.
VORKOMMEN: In hydrothermalen Gängen sowie in Tongesteinen; gewöhnlich gemeinsam mit Realgar auftretend.
VERWENDUNG: Jahrhundertelang wurde Auripigment in pulverisierter Form zur Herstellung von Malfarbe verwendet. Heute dient das Mineral zur Gewinnung von Arsen, das vor allem zur Herstellung von Insektiziden gebraucht wird.
(Großes Bild: Peru; Kristalle bis 1 cm)

TYPISCH

Wegen der hervorragenden Spaltbarkeit von Auripigment kann man mit einem scharfen Messer hauchdünne Blättchen abheben.

> Gold ist zweifellos das Metall, das von den Menschen die größte Wertschätzung erfahren hat. (Kalifornien/USA; Breite 2 cm)

Gold

Au

STRICHFARBE: Goldgelb, metallisch glänzend
DICHTE UND KRISTALLFORM: 15,5 – 19,3 g/cm³; kubisch
AUSSEHEN: Nur selten treten gut ausgebildete Kristalle auf, die dann Würfel- oder Oktaederform haben. Häufiger kommt Gold als skelettförmige, blech- oder drahtförmige Gebilde oder als abgerundete Klumpen, so genannte Nuggets, vor. Das meiste Gold liegt in den Gesteinen als so winzige Teilchen vor, dass man sie mit bloßem Auge kaum sieht.
VORKOMMEN: In Seifen am Grund von Flüssen und Bächen sowie in hydrothermalen Gängen, oft in Begleitung von Quarz, Pyrit, Turmalin oder Fluorit.
VERWENDUNG: Seit Jahrhunderten als Schmuck- und Münzmetall, heute auch in der Elektrotechnik und Zahnmedizin. (Großes Bild: Kalifornien/USA; 4 cm)

TYPISCH

Im Gegensatz zu allen anderen goldfarbenen Mineralien ist Gold schneidbar. Seine glänzende Oberfläche läuft nicht an.

Kakoxen

$Fe_4[OH/PO_4]_3 \cdot 12H_2O$
(Eisen-Phosphat)

STRICHFARBE: Gelblich bis Weiß
DICHTE: 2,3 g/cm^3
KRISTALLFORM: Hexagonal
AUSSEHEN: Die nadeligen bis haarfeinen Kristalle sind goldgelb bis gelbbraun. Oft sitzen sie in kugeligen Büscheln beieinander oder bilden flache sternförmige Aggregate. Auch als faseriger oder samtartiger Überzug über andere Mineralien kommt Kakoxen vor.
VORKOMMEN: In phosphathaltigen Gesteinen sowie in Brauneisenlagerstätten; häufig zusammen mit Strengit oder Strunzit.
BESONDERES: Der Mineralname leitet sich vom griechischen *kakos*, schlecht, und *xenos*, der Gast, ab. Das Vorkommen von Kakoxen zeigt nämlich einen hohen Phosphorgehalt des Brauneisenerzes an, der dieses für die Verhüttung ungeeignet macht. (Bild: Lappland/Schweden; Länge der Nadeln 5 mm)

TYPISCH
Der Glanz der Kakoxennadeln erinnert an Seide oder Glas; Bruchflächen des spröden Minerals haben ein faseriges Aussehen.

Descloizit

Pb(Zn,Cu)[OH/VO_4] (Vanadat)

STRICHFARBE: Hellbraun
DICHTE UND KRISTALLFORM: 5,5 – 6,2 g/cm^3; orthorhombisch
AUSSEHEN: Descloizitkristalle treten in brauner, rötlicher, ockergelber oder schwarzbrauner Färbung auf, sind durchscheinend bis undurchsichtig und glänzen wie Harz . Oft kommt das Mineral auch in bizarren Gebilden, krustig oder derb vor.
VORKOMMEN: In der Oxidationszone von Erzgängen und Lagerstätten, allerdings selten; typische Begleitmineralien sind Vanadinit, Wulfenit, Cerussit und Pyromorphit.
VERWENDUNG: Industriell wird Descloizit zur Gewinnung von Vanadium herangezogen, das unter anderem zur Herstellung besonders zähen Stahls sowie UV-undurchlässiger Gläser dient.
(Bild: Namibia; Kristalle bis zu 9 mm)

TYPISCH
Die spröden Descloizitkristalle können tafelig oder blättrig sein, in den meisten Fällen aber zeigen sie prismatische Formen.

Sphalerit | Zinkblende

ZnS (Zink-Sulfid)

TYPISCH
Setzt man einem Sphaleritstück verdünnte Salzsäure zu, entwickelt sich gasförmiger Schwefelwasserstoff, der unangenehm nach faulen Eiern riecht.

STRICHFARBE: Die eigentliche Strichfarbe ist Weiß. Sie zeigt sich bei farblosen bis hellen Exemplaren. Wenn das Mineral aber durch Eisengehalte gefärbt ist, wird der Strich ockergelb bis braun.
DICHTE: 3,9 – 4,2 g/cm^3
KRISTALLFORM: Kubisch
AUSSEHEN: Sphalerit gibt es in Gelb, Braun, Rot, Grün und Schwarz, manchmal ist er auch weiß oder farblos. Er zeigt einen leicht metallischen Glanz. Gut ausgebildete Kristalle haben die Gestalt von Tetraedern oder Oktaedern. Weitaus öfter kommt Sphalerit aber in derber, strahliger oder körniger Form vor.
VORKOMMEN: Weit verbreitet in Graniten und Gabbros, hydrothermalen Gängen, sedimentären und metamorphen Lagerstätten.
VERWENDUNG: Zinkblende ist das wichtigste Zinkerz.
(Bild: Tennessee/USA; Größe der Kristalle bis zu 1,3 cm)

› Eine starke Längsstreifung der Kristallflächen ist typisch für Manganit. (Ilfeld/Harz; Länge des Kristalls 8 cm)

Manganit

MnO(OH) (Mangan-Hydroxid)

STRICHFARBE: Dunkelbraun
DICHTE UND KRISTALLFORM: 4,3 – 4,4 g/cm^3; monoklin
AUSSEHEN: Das braunschwarze bis schwarze, metallisch glänzende Mineral bildet undurchsichtige, vorwiegend säulenförmige Kristalle. Es kann aber auch tafelig, erdig oder derb auftreten.
VORKOMMEN: Hauptsächlich in hydrothermalen Gängen mit niedrigen Temperaturen; charakteristische Begleitmineralien sind Pyrolusit und Baryt.

TYPISCH
Mit beginnender Verwitterung verfärbt sich der spröde Manganit allmählich stahlgrau und seine Strichfarbe wird schwarz.

VERWENDUNG: Manganit hat als Manganerz große wirtschaftliche Bedeutung, stellt Mangan doch ein wichtiges Legierungsmetall dar und wird überdies in großem Umfang zur Entschwefelung bei der Eisenverhüttung und in der chemischen Industrie gebraucht.
(Großes Bild: Ilfeld/Harz; bis zu 1,3 cm)

Goethit

FeO(OH) (Eisen-Hydroxid)

TYPISCH
Als Brauner Glaskopf kann Goethit oberflächlich intensiv schwarz aussehen. Seine braune Strichfarbe ist jedoch ein klares Erkennungsmerkmal.

STRICHFARBE: Braun bis Braungelb
DICHTE: 4,3 g/cm^3
KRISTALLFORM: Orthorhombisch
AUSSEHEN: Der lichtgelbe, braune, rötliche oder schwarzbraune Goethit sieht meist nadelig oder strahlig aus. Nierenförmige Exemplare mit glatter Oberfläche heißen **Brauner Glaskopf**, in erdiger Ausbildung wird er **Limonit** genannt. Das spröde Mineral kann durchscheinend oder undurchsichtig sein, metallisch glänzen oder matt erscheinen.
VORKOMMEN: Auf der Erde weit verbreitet in der Oxidationszone von Erzlagerstätten. Ausgebildete Kristalle finden sich vor allem in Blasenhohlräumen vulkanischer Gesteine.
VERWENDUNG: Die wirtschaftliche Bedeutung des Goethits liegt in seiner Verwendung als Eisenerz.
(Bild: Graul/Sachsen; Breite der Mineralstufe 9 cm)

Die Wolframit-Varietät Hübnerit ist durchscheinend dunkelrot. (Peru; Kristallgröße 1 cm)

Wolframit

(Fe,Mn)WO₄ (Eisen-Mangan-Wolframoxid)

STRICHFARBE: Gelbbraun bis Dunkelbraun, auch Schwarzbraun
DICHTE UND KRISTALLFORM: 7,1 – 7,5 g/cm^3; monoklin
AUSSEHEN: Meist tritt Wolframit in tafeliger, prismatischer oder nadeliger Ausbildung auf, doch kann er auch spätig oder derb sein. Gewöhnlich ist Wolframit schwarzbraun gefärbt. Enthält er jedoch in seinem Kristallaufbau nur Mangan und kein Eisen, ist er durchscheinend rot und wird als **Hübnerit** bezeichnet. Enthält er dagegen nur Eisen, ist er schwarz und undurchsichtig und wird **Ferberit** genannt.
VORKOMMEN: In Graniten und Pegmatiten sowie in pneumatolytischen Lagerstätten und hydrothermalen Gängen.
VERWENDUNG: Wolframit ist das wichtigste Wolframerz.
(Großes Bild: Kasachstan; bis 2,2 cm)

TYPISCH
Kristalle von Wolframit zeigen einen fettigen Metallglanz und meist eine deutliche Längsstreifung. Wegen der hohen Dichte sind sie auffällig schwer.

Aeschynit

(Ce,Th,Ca)(Ti,Nb,Ta)$_2$O$_6$
(Metall-Oxid)

TYPISCH
Uran und Thorium können, sofern im Aeschynit vorhanden, durch ihre radioaktive Strahlung bewirken, dass das Mineral undurchsichtig dunkel wird.

STRICHFARBE: Gelbbraun
DICHTE: 4,9 – 5,1 g/cm^3
KRISTALLFORM: Orthorhombisch
AUSSEHEN: Das spröde Mineral bildet tafelige oder prismatische Kristalle oder kommt in derben Massen vor. Aufgewachsene Stücke sind durchscheinend ocker bis braun und zeigen Glasglanz. Ist Aeschynit aber ins Gestein eingewachsen, hat er eine braune bis eisenschwarze Färbung und glänzt wie Pech.
VORKOMMEN: Typischerweise in granitischen alpinen Klüften.
BESONDERES: Aeschynit enthält verschiedene selten vorkommende chemische Elemente, unter anderem Titan, Niob, Tantal, Cer und Thorium. Je nachdem, welches davon vorherrscht, weist das Mineral unterschiedliche physikalische Eigenschaften auf. (Bild: Gasteiner Tal/Österreich; Kristallgröße 7 mm)

› Eine Varietät mit hohem Eisengehalt, die auf vulkanische Gesteine beschränkt ist, heißt Basaltische Hornblende. (Eifel; Größe 2 cm)

Hornblende

$(Ca,Na,K)_{2-3}(Mg,Fe,Al)_5[(OH,F)_2/(Si,Al)_2Si_6O_{22}]$ (Silikat)

STRICHFARBE: Graubraun bis Graugrün
DICHTE UND KRISTALLFORM: 2,9 – 3,4 g/cm^3; monoklin
AUSSEHEN: Aufgrund ihrer überaus variablen chemischen Zusammensetzung kann Hornblende sehr unterschiedlich aussehen: schwarz bis dunkelgrün, durchscheinend oder undurchsichtig, ein- oder aufgewachsen. Sie bildet prismatische Kristalle, kommt aber auch derb oder als stängelige, faserige oder körnige Aggregate vor. Eine sehr feinfaserige Varietät wird als **Asbest** bezeichnet.
VORKOMMEN: In Graniten, Basalten und anderen vulkanischen Gesteinen, ebenso in Gneisen und kristallinen Schiefern, ja sogar in Meteoriten.
(Großes Bild: Pakistan; 2,5 cm)

TYPISCH
Charakteristisch geformte Hornblendekristalle sind sechsseitige Säulen, die jedoch oft in lediglich drei Flächen enden.

Rutil

TiO_2 (Titan-Oxid)

STRICHFARBE: Gelbliches Braun
DICHTE: 4,2 – 4,3 g/cm^3
KRISTALLFORM: Tetragonal
AUSSEHEN: Von hellem Strohgelb über Gelbbraun, Rotbraun und Blutrot bis Schwarz reicht die Farbpalette des Rutils, seine Kristallformen variieren von dicksäulig bis haarfein. Auch derbe Massen oder körnige Aggregate des spröden Minerals sind bekannt.
VORKOMMEN: Als Bestandteil sowohl von Tiefen- wie auch von metamorphen Gesteinen und Pegmatiten weit verbreitet, außerdem in hydrothermalen Gängen und in Drusen.
VERWENDUNG: Neben Ilmenit ist Rutil das ergiebigste Erz zur Gewinnung von Titan, das zur Stahlveredelung und in der Luft- und Raumfahrttechnik eingesetzt wird.
(Bild: Rauris/Österreich; Länge der Nadeln 5 mm)

TYPISCH

Durchscheinende Stücke von Rutil zeigen Diamantglanz, während die undurchsichtige schwarze Abart, der Nigrin, einen leichten metallischen Glanz aufweist.

› Nur selten bildet Graphit schöne Kristalle aus. (Namibia; Kristallgröße 2 mm)

Graphit

C (Kohlenstoff)

STRICHFARBE: Grau, metallisch glänzend
DICHTE UND KRISTALLFORM: 2,1 – 2,3 g/cm^3; hexagonal
AUSSEHEN: Meist bildet Graphit statt sechseckiger Kristalle nur eingewachsene Blättchen, erdige oder schuppige Aggregate, Überzüge oder dichte Massen. Das dunkelgraue bis schwarze Mineral glänzt metallisch, dünne Blättchen kann man biegen.
VORKOMMEN: In Tiefengesteinen ebenso wie in metamorphen Gesteinen; oft zusammen mit Calcit.
VERWENDUNG: Seit Mitte des 16. Jahrhunderts zur Herstellung von Bleistiften, heute in großen Mengen vor allem in der Metallurgie und Elektrotechnik.
BESONDERES: Graphit zeigt eine hohe elektrische Leitfähigkeit und ist selbst bei großer Hitze nicht schmelzbar.
(Großes Bild: Namibia; 1,5 cm)

TYPISCH
Graphit fühlt sich zwischen den Fingern fettig an. Reibt man ein Stück davon über Papier, hinterlässt es dunkelgraue Abriebspuren.

Covellin

CuS (Kupfer-Sulfid)

TYPISCH

Feuchtet man Covellin mit Wasser an, so wird er violett. Beim Trocknen gewinnt er seine schwarzblaue Färbung wieder zurück.

STRICHFARBE: Blauschwarz
DICHTE: 4,7 g/cm^3
KRISTALLFORM: Hexagonal
AUSSEHEN: Das tief schwarzblaue, undurchsichtige Mineral, das oft ein purpurnes Schillern zeigt, kristallisiert in dünnen, sechseckigen Tafeln oder Blättchen mit leichtem metallischem Glanz. Öfter jedoch kommt es in Form derber, erdiger Massen oder krustiger Überzüge, auch feiner Anflüge vor.
VORKOMMEN: Typischerweise in hydrothermalen Gängen, gewöhnlich als Überzug auf anderen Kupfererzen wie beispielsweise Chalkopyrit, Chalkosin oder Bornit. Auch Pyrit ist ein charakteristisches Begleitmineral von Covellin.
VERWENDUNG: Wo das weltweit recht häufige Mineral in großen Massen vorkommt, stellt es ein wichtiges Kupfererz dar.
(Bild: Sardinien; Kristallgröße bis zu 1 cm)

Antimonit

Sb_2S_3 (Antimon-Sulfid)

STRICHFARBE: Dunkelgrau
DICHTE UND KRISTALLFORM: 4,6 – 4,7 g/cm³; orthorhombisch
AUSSEHEN: Das bleigraue, undurchsichtige Mineral bildet prismatische bis nadeldünne Kristalle, die nicht selten verbogen sind. Sie können wie eine wirre Anhäufung von Nägeln aussehen oder wie ein Strahlenbündel, wie feiner Haarfilz oder eine samtige Kugel. Auch körnige und dichte Massen kommen vor.

TYPISCH
Einzelne Antimonitkristalle sind stets längs gerieft. Bei vorsichtiger Handhabung lassen sie sich verbiegen, ohne zu brechen.

VORKOMMEN: In erster Linie in hydrothermalen Gängen, besonders in Quarzgängen, gelegentlich auch auf Blei- und Silbererzgängen oder in Kalkstein.
VERWENDUNG: Antimonit, das auch unter den bergmännischen Namen Antimonglanz oder Grauspießglanz bekannt ist, stellt das wichtigste Antimonerz dar. (Bild: Rumänien; Kristalllänge bis 3 cm)

Akanthit | Silberglanz

Ag_2S (Silber-Sulfid)

> **TYPISCH**
> Akanthit verliert im Licht seinen metallischen Glanz und wird schwarz. Sammlerstücke deshalb lichtgeschützt aufbewahren!

STRICHFARBE: Schwarz, glänzend
DICHTE: 7,3 g/cm^3
KRISTALLFORM: Der eigentliche Akanthit weist ein monoklines Kristallsystem auf. Bei Temperaturen über 179 °C geht er in eine Hochtemperaturform mit kubischem Kristallsystem über, die man **Argentit** nennt. Die Bezeichnung Silberglanz bezieht sich auf beide Mineralformen.
AUSSEHEN: Akanthitkristalle können würfelig oder oktaedrisch, nadelig oder lanzettförmig sein. Auch in skelettartiger Form, als Drähte oder Plättchen, Klumpen oder körnige Masse kommt das undurchsichtige, bleigraue, metallisch glänzende Mineral vor.
VORKOMMEN: In hydrothermalen Silbererzgängen, meist zusammen mit gediegenem Silber und Pyrargyrit.
VERWENDUNG: Seit alter Zeit wird Akanthit als Silbererz genutzt.
(Bild: Freiberg/Sachsen; Größe der Kristalle bis zu 9 mm)

› Brechen die zylindrischen Aggregate von Kylindrit quer durch, wird ihr konzentrischer Aufbau sichtbar. (Bolivien; Durchmesser 5 mm)

Kylindrit

$Pb_3Sn_4Sb_2S_{12}$ (Blei-Zinn-Antimon-Sulfid)

STRICHFARBE: Grauschwarz
DICHTE UND KRISTALLFORM: 5,4 g/cm³; noch unbestimmt
AUSSEHEN: Das undurchsichtige, bleigraue, metallisch glänzende Mineral bildet zylindrische Aggregate, die auf quer liegenden Bruchflächen konzentrische Schichten aufweisen.
VORKOMMEN: In Zinnerzlagerstätten, hydrothermal entstanden. Kylindrit tritt nur an wenigen Stellen der Erde auf, z. B. in Bolivien. In der bolivianischen Lagerstätte Poopó war er so häufig, dass viele Tonnen zur Zinngewinnung verhüttet wurden; anderswo auf der Welt lassen sich die gefundenen Mengen in Gramm messen. Praktisch alle Kylindritstücke in Sammlungen stammen aus dem einen bolivianischen Vorkommen.
(Gr. Bild: Bolivien; Kristalllänge 3 cm)

TYPISCH

Reibt man mit einem Kylindritstück über Papier, hinterlässt das spröde Mineral ebenso wie Graphit deutliche graue Abriebspuren.

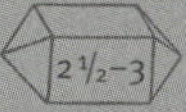

Galenit | Bleiglanz

PbS (Blei-Sulfid)

STRICHFARBE: Grauschwarz
DICHTE: 7,2 – 7,6 g/cm^3
KRISTALLFORM: Kubisch
AUSSEHEN: Der bleigraue, undurchsichtige Galenit zeigt an frischen Bruchflächen einen starken Metallglanz, ist aber oft matt oder blau angelaufen. Er kristallisiert meist in Würfeln oder Oktaedern. Häufig tritt er auch in derben Massen auf.
VORKOMMEN: Hauptsächlich in hydrothermalen Gängen, aber auch in metamorph entstandenen Lagerstätten; weltweit verbreitet, teilweise in enormen Mengen auftretend.
VERWENDUNG: Mit einem Bleigehalt von fast 87 Prozent ist Galenit mit Abstand das wichtigste Bleierz. Aufgrund der vielerorts nicht unerheblichen Beimengungen von Silber stellt er aber zugleich eines der bedeutendsten Silbererze dar.
(Bild: Ostharz; Größe des silbergrauen Kristalls 2 cm)

TYPISCH

Galenit ist leicht und vollkommen spaltbar: Durch einen einzigen Hammerschlag zerspringt er oft in lauter kleine Würfelchen.

> Die tafelförmigen Chalkosinkristalle bilden oft Parallelverwachsungen. (Cornwall/Großbritannien; Breite der Stufe 2 cm)

Chalkosin | Kupferglanz

Cu_2S (Kupfer-Sulfid)

STRICHFARBE: Dunkelgrau, metallisch glänzend
DICHTE UND KRISTALLFORM: 5,7 – 5,8 g/cm³; unter 103 °C monoklin, bei höheren Temperaturen hexagonal
AUSSEHEN: Das dunkel bleigraue Mineral zeigt nur an frischen Bruch- und Spaltflächen lebhaften Metallglanz, es wird dann rasch matt. Typischerweise bildet es tafelige bis prismatische Kristalle. Auch als körnige oder erdige Aggregate sowie in derber Form kommt Chalkosin oft vor.
VORKOMMEN: Weltweit verbreitet in hydrothermalen Gängen, häufig zusammen mit anderen Kupfermineralien.
VERWENDUNG: Weil Chalkosin zu fast 80 Prozent aus Kupfer besteht, stellt er ein bedeutendes Kupfererz dar.
(Großes Bild: Kasachstan; bis 1 cm)

TYPISCH

Da Chalkosin sehr leicht anläuft, ist es zur Identifizierung wichtig, die Oberfläche an einer Stelle abzuschaben, um die eigentliche Farbe des Minerals feststellen zu können.

Bornit | Buntkupferkies

Cu_5FeS_4 (Kupfer-Eisen-Sulfid)

TYPISCH
Sein auffälliges, buntes Anlaufen macht den in der Grundfärbung rötlich silbergrauen Bornit praktisch unverwechselbar.

STRICHFARBE: Grauschwarz
DICHTE: 4,9 – 5,3 g/cm^3
KRISTALLFORM: Über 228 °C kubisch, bei tieferen Temperaturen trigonal
AUSSEHEN: Überwiegend tritt Bornit in derber Form auf, nur selten in deutlich ausgebildeten würfeligen, manchmal auch acht- oder zwölfflächigen Kristallen. Im frischen Bruch zeigt das metallisch glänzende Mineral eine rötlich silbergraue Färbung mit einem Stich ins Violette, doch schon nach wenigen Stunden an feuchter Luft ist die Oberfläche bunt schillernd angelaufen.
VORKOMMEN: In Pegmatiten, hydrothermalen Erzgängen und alpinen Klüften; in den meisten Fällen zusammen mit Chalkosin.
VERWENDUNG: Bornit stellt, gewöhnlich im Gemenge mit Chalkosin, ein wirtschaftlich bedeutendes Kupfererz dar.
(Bild: Zaire; Größe der Einzelkristalle bis 1 cm)

› Nicht der Verwitterung ausgesetzter Chalkopyrit zeigt einen schönen messingartigen Glanz. (Cornwall/Großbritannien; 6 cm)

Chalkopyrit | Kupferkies

$CuFeS_2$ (Kupfer-Eisen-Sulfid)

STRICHFARBE: Grünliches Schwarz
DICHTE UND KRISTALLFORM: 4,2–4,3 g/cm³; tetragonal
AUSSEHEN: Eigentlich ist Chalkopyrit messing- bis goldgelb mit einem Stich ins Grüne, oft ist er aber bunt angelaufen. Die meist nur kleinen, aber gut ausgebildeten, vielflächigen Kristalle haben gestreifte Flächen. Häufiger tritt Chalkopyrit in derber Form auf, als dichte Masse oder Anflug.
VORKOMMEN: In fast allen Erzgängen, die magmatisch oder hydrothermal entstanden sind; auch sedimentär; oft Verwachsungen mit Sphalerit.
VERWENDUNG: Schon im Altertum wurde Kupfer aus Chalkopyrit gewonnen, heute stellt das weit verbreitete Mineral das wichtigste Kupfererz überhaupt dar. (Großes Bild: Siegerland; 2 cm)

TYPISCH
Während der ähnliche Pyrit bei der Strichprüfung einen dünnen, scharfen Strich hinterlässt, ist dieser bei Chalkopyrit immer dick und glänzend.

Arsen

As

Strichfarbe: Schwarz
Dichte: 5,4 – 5,9 g/cm³
Kristallform: Trigonal
Aussehen: Die seltenen Kristalle des Arsens haben würfelige, säulenförmige oder tafelige Gestalt. Gewöhnlich tritt das spröde Mineral jedoch in Form dichter, kugeliger oder geschichteter, oft nierenförmiger Gebilde auf. Weil sich nicht selten einzelne becherförmig gekrümmte Schalen davon abheben lassen, wurde es mit deutschem Namen auch Scherbenkobalt genannt.
Vorkommen: Hauptsächlich in hydrothermalen Gängen, insbesondere als Begleiter von Silber-, Kobalt- und Nickelerzen.
Verwendung: Bei der Herstellung von Insektenvernichtungsmitteln sowie in der Pharmaindustrie und als Legierungsmetall. (Bild: Griechenland; Größe der Aggregate bis zu 1,6 cm)

Typisch

Bricht man ein Stückchen Arsen ab, sieht man die hellsilbrige Farbe des hochgiftigen Minerals. Nach wenigen Stunden ist die Bruchfläche wieder schwarz und matt.

Eisen

Fe

STRICHFARBE: Stahlgrau, glänzend
DICHTE UND KRISTALLFORM: 7,9 g/cm^3; kubisch
AUSSEHEN: Gediegenes Eisen hat die Gestalt von Schüppchen, Tröpfchen oder unregelmäßigen Körnchen, die in Gestein eingebacken sind. Kristallbildungen sind aus der Natur unbekannt.
VORKOMMEN: Eisen bildet sich z. B., wenn basaltisches Magma beim Aufsteigen aus dem Erdinneren Kohleschichten durchdringt. Insgesamt stammt jedoch weit mehr gediegenes Eisen von Meteoriten, also aus dem Weltall.
VERWENDUNG: Gediegen vorkommendes Eisen ist viel zu selten, als dass es wirtschaftliche Bedeutung hätte. Das industriell verarbeitete Eisen wird ausschließlich durch Erzverhüttung gewonnen.
(Bild: Eisen in Basalt; gesamt 9 cm)

TYPISCH
Eisen ist magnetisch. Daran lässt es sich leicht von ähnlich aussehenden, grau metallisch glänzenden Mineralien unterscheiden.

Ilmenit | Titaneisenerz

$FeTiO_3$ (Titan-Eisen-Oxid)

TYPISCH

Sind die muschelig bis uneben brechenden Ilmenitstücke der Verwitterung ausgesetzt, verlieren sie bald ihren metallischen Glanz.

STRICHFARBE: Schwarz
DICHTE: 4,5 – 5,0 g/cm^3
KRISTALLFORM: Trigonal
AUSSEHEN: Das eisenschwarze, spröde Mineral zeigt seinen Metallglanz nur an frischen Bruchflächen. Häufig kristallisiert es zu dickeren oder dünneren Tafeln oder rhomboedrischen Gebilden, doch kommt es auch in Form körniger, derber oder dichter Aggregate vor.
VORKOMMEN: In erster Linie in Tiefengesteinen, vorwiegend in Pegmatiten, zumeist in Gesellschaft von Hämatit, Magnetit, Rutil und Apatit; auch oft in Flussseifen und Meeressanden.
VERWENDUNG: Neben Rutil das wichtigste Titanerz überhaupt.
BESONDERES: Aufgrund der gleichen Kristallstruktur kommt es häufig zu Mischkristallbildungen zwischen Ilmenit und Hämatit. (Bild: Böhmerwald; Kristallgröße 2,6 cm)

Arsenopyrit | Arsenkies

FeAsS (Eisen-Arsen-Sulfid)

STRICHFARBE: Schwarz
DICHTE UND KRISTALLFORM: 5,9 – 6,2 g/cm^3; orthorhombisch
AUSSEHEN: Das zinnweiße bis stahlgraue Mineral zeigt an frischen Bruchflächen starken Metallglanz, läuft aber rasch dunkel oder bunt an. Gut ausgebildete Kristalle sehen meist wie kurze Säulen oder oktaederähnlich aus, typischerweise haben sie längs gestreifte Flächen. Auch derbe, körnige, nieren- oder strahlenförmige Aggregate gibt es.
VORKOMMEN: Vor allem in hydrothermalen Gängen sowie in Zinnerzgängen, wo auch Pyrit, Chalkopyrit, Gold oder Siderit vorkommen.
VERWENDUNG: Das häufige und weit verbreitete Mineral dient als Erz, aus dem Arsen gewonnen werden kann.
(Bild: Freiberg/Sachsen; Krist. bis 8 mm)

TYPISCH

Wenn man auf Arsenopyrit hämmert, dann entwickelt sich ein charakteristischer Arsengeruch, der an Knoblauch erinnert.

› Pyrolusit bildet gelegentlich schöne radialstrahlige Aggregate. (Ilmenau/Thüringen; Länge der Nadeln 2 cm)

Pyrolusit

MnO_2 (Mangan-Oxid)

STRICHFARBE: Schwarz
DICHTE UND KRISTALLFORM: 4,9 – 5,1 g/cm^3; tetragonal
AUSSEHEN: Das silbrig glänzende bis mattschwarze, undurchsichtige Mineral kommt nur selten in Form dickerer prismatischer Kristalle vor. Eher zeigt es sich als gebündelte oder strahlenförmig angeordnete Kristallnadeln. Meist jedoch bildet der überaus spröde Pyrolusit erdige, krustige oder faserige Aggregate, kompakte Massen oder feine, in der Gestalt an Korallen erinnernde Überzüge auf Gestein.
VORKOMMEN: Häufig und weit verbreitet in hydrothermalen Gängen sowie in der Oxidationszone von Lagerstätten manganhaltiger Mineralien, ebenso aber auch eingebettet in Sedimentgestein.
(Großes Bild: Siegerland; Länge 2 cm)

TYPISCH
Beim Hantieren färbt Pyrolusit, insbesondere seine erdigen Aggregate, stark an den Fingern ab, weshalb er auch oft Braunstein genannt wird.

Pyrit | Eisenkies

FeS_2 (Eisen-Sulfid)

Strichfarbe: Grünliches Schwarz
Dichte und Kristallform: 5,0 – 5,2 g/cm^3; kubisch
Aussehen: Typischerweise kristallisiert das undurchsichtige Mineral als Würfel mit fein gestreiften Flächen, aber auch Oktaeder und vielflächige Kristalle kommen vor, ebenso radialstrahlige, nierenförmige und derbe Aggregate. Die gelbliche Tönung und der starke Metallglanz führten zu den volkstümlichen Namen Narrengold oder Katzengold.
Vorkommen: In den unterschiedlichsten Lagerstätten, von vulkanischen Gesteinen über Sedimente bis zu hydrothermalen Gängen, oft in großen Massen.
Verwendung: In erster Linie als Schwefelerz; schöne Kristalle werden gelegentlich zu Schmucksteinen geschliffen.
(Bild: Kanada; Kristallgröße bis 2,3 cm)

Typisch
Schlägt man mit einem harten Metallgegenstand auf Pyrit, sprühen Funken, und leichter Schwefelgeruch macht sich bemerkbar.

Markasit

FeS_2 (Eisen-Sulfid)

TYPISCH
Markasitkristalle sind oft zu gezackten Gruppen verwachsen, die wie Hahnenkämme, Sterne oder kleine Tannenbäume aussehen.

STRICHFARBE: Grünliches Schwarz
DICHTE: 4,8 – 4,9 g/cm^3
KRISTALLFORM: Orthorhombisch
AUSSEHEN: Markasit zeigt eine messinggelbe Färbung mit einem Stich ins Grüne. Seine tafeligen Kristalle sehen wie kleine Beile oder wie Speerspitzen aus. Ebenso kommt das spröde Mineral in Form radialstrahliger oder feinfaseriger Aggregate, feiner Überzüge oder dichter Massen vor.
VORKOMMEN: Vorwiegend in hydrothermalen Lagerstätten in Kalk oder Dolomit sowie in Sedimenten eingeschlossen.
BESONDERES: An der Luft zersetzt sich Markasit allmählich zu Limonit und Schwefelsäure. In Mineraliensammlungen können Markasitstücke durch die freigesetzte Schwefelsäure mit der Zeit die Aufbewahrungskästen und sogar Schränke zerstören.
(Bild: Markasitkruste auf Calcitkristallen; Vogtland; Kristalle 1 cm)

› Magnetitkristalle sind manchmal skelettartig ausgebildet. (Afghanistan; Kristallgröße bis zu 8 mm)

Magnetit

Fe_3O_4 (Eisen-Oxid)

STRICHFARBE: Schwarz
DICHTE UND KRISTALLFORM: 5,2 g/cm³; kubisch
AUSSEHEN: Das eisenschwarze Mineral zeigt einen matten Metallglanz. Seine Kristalle sind typischerweise auf- oder eingewachsene Oktaeder, doch kommen auch flächenreichere und verzerrte Gebilde vor. Zudem tritt Magnetit in derben Massen auf.
VORKOMMEN: In der Natur weit verbreitet, in den unterschiedlichsten Gesteinsarten; oft zusammen mit Pyrit, Ilmenit, Hämatit und Apatit.
VERWENDUNG: Magnetit stellt ein hochwertiges Eisenerz dar, das in vielen Regionen der Erde auftritt. Die Magnetitlagerstätte beim nordschwedischen Kiruna gilt als die größte Eisenanreicherung der Welt.
(Großes Bild: Binntal/Schweiz; 1 cm)

TYPISCH
Magnetit lenkt eine Kompassnadel deutlich ab. Daher heißt das Mineral mit deutschem Namen auch Magneteisenerz.

6–6 1/2

› Diese Stufe von traubenförmig ausgebildetem Psilomelan wurde bei Schneeberg (Sachsen) gefunden und ist 7 cm breit.

Psilomelan | Romanechit

$BaMn_8O_{16}(OH)_4$ (Barium-Mangan-Oxid)

STRICHFARBE: Braunschwarz
DICHTE UND KRISTALLFORM: 6,3 – 6,5 g/cm^3; monoklin
AUSSEHEN: Das derbe oder feinkristalline Mineral bildet schwarze bis stahlgraue, meist trauben- bis nierenförmige Aggregate, die schwach metallisch glänzen oder völlig matt sind. Auch strahlige Gebilde und erdige Massen kommen vor.
VORKOMMEN: In der Oxidationszone manganhaltiger Erzlagerstätten, in Sedimentgesteinen sowie als Verdrängungsmineral in Kalken. Bekannt sind die so genannten Dendriten auf Kalksteinplatten, wie Pflanzen aussehende Aggregate aus winzigsten Psilomelankristallen.
VERWENDUNG: Als Manganerz hat Psilomelan große wirtschaftliche Bedeutung. (Großes Bild: Siegerland; 3 cm)

TYPISCH

Der Psilomelan ist eigentlich sehr hart, doch erdige Massen dieses Minerals können eine sehr viel geringere Härte vortäuschen.

Bixbyit

$(Mn,Fe)_2O_4$ (Mangan-Eisen-Oxid)

STRICHFARBE: Schwarz
DICHTE UND KRISTALLFORM: 4,9 – 5,2 g/cm^3; kubisch
AUSSEHEN: Die für das undurchsichtig schwarze, metallisch glänzende Mineral charakteristische Kristallform ist der Würfel. Daneben tritt Bixbyit aber auch oft als derbe Masse auf.
VORKOMMEN: In metamorphen Manganlagerstätten sowie in vulkanischen Gesteinen und ihren Hohlräumen, jedoch selten. Typische Begleitmineralien sind unter anderem Topas und Granat.
BESONDERES: Bixbyit in schön ausgebildeten Kristallen ist ein typischer Begleiter der hervorragenden braunen Topaskristalle aus Utah/USA. Nicht selten sind dort sogar Bixbyit-Würfel auf den Topasen aufgewachsen.
(Bild: Utah/USA; Kristallgröße 1 cm)

TYPISCH

Die Flächen der Bixbyitkristalle zeigen gewöhnlich eine mehr oder weniger starke Riefung und sind häufig abgeschrägt.

› Diese Epidotgarbe auf Quarz hat eine Länge von 7 cm und wurde in Peru gefunden.

Epidot

$Ca_2(Fe,Al)Al_2[O/OH/SiO_4/Si_2O_7]$ (Silikat)

STRICHFARBE: Grau
DICHTE UND KRISTALLFORM: 3,3 – 3,5 g/cm^3; monoklin
AUSSEHEN: Das durchscheinende, glasartig glänzende Mineral kann von gelb- über dunkel- bis hin zu schwarzgrün, in seltenen Fällen auch rot gefärbt sein. Die mehr oder weniger dünnen prismatischen Kristalle sind häufig zu radialstrahligen Aggregaten verwachsen, zu Drusen vereinigt oder zu Büscheln gruppiert. Gelegentlich haben Epidotkristalle auch die Form miteinander verwachsener dicker Tafeln.
VORKOMMEN: In Pegmatit oder Schiefer, Granit und metamorphen Gesteinen.
BESONDERES: Pistaziengrün gefärbter Epidot wird auch **Pistazit** genannt.
(Großes Bild: Habachtal/Österr.; 3 cm)

TYPISCH
Durchscheinende Kristalle von Epidot zeichnen sich dadurch aus, dass sie in den verschiedenen Betrachtungsrichtungen unterschiedliche Farbtönungen zeigen.

Aurichalcit

$(Zn,Cu)_5[(OH)_3/CO_3]_2$ (Zink-Kupfer-Karbonat)

STRICHFARBE: Weiß bis blasses Hellblau
DICHTE UND KRISTALLFORM: 3,6 – 4,3 g/cm^3; orthorhombisch
AUSSEHEN: Das himmelblau bis helltürkis gefärbte Mineral bildet durchscheinende, wie Perlmutt oder Seide glänzende Kristalle. Sie sind feinnadelig und stehen radialstrahlig oder in Büscheln beieinander, können aber auch dünne, biegsame Blättchen sein, die Rosetten oder Krusten ausbilden.

VORKOMMEN: Der mit altem deutschem Namen auch Messingblüte genannte Aurichalcit kommt immer dort vor, wo Zink- und Kupfermineralien zusammen auftreten, denn er entsteht in Zink- und Kupferlagerstätten durch Ausfällung aus mineralhaltigem Wasser. Häufig ist er auf Limonit aufgewachsen.
(Bild: Cornwall/Großbritannien; 2 mm)

TYPISCH
Beträufelt man Aurichalcit mit verdünnter Salzsäure, kommt es zu einer raschen und deutlichen Entwicklung von Gasbläschen.

Annabergit | Nickelblüte

$Ni_3(AsO_4)_2 \cdot 8H_2O$ (Nickel-Arsenat)

TYPISCH
Löst man Annabergit in Säuren auf, färbt sich die Lösung grün. Dünne Blättchen lassen sich vorsichtig biegen, ohne zu brechen.

STRICHFARBE: Weiß
DICHTE: 3,0 – 3,1 g/cm^3
KRISTALLFORM: Monoklin
AUSSEHEN: Das hellgrüne bis apfelgrüne Mineral bildet prismatische, tafel- oder nadelförmige Kristalle, die oft zu Fächern oder Garben angeordnet sind und lebhaften Glasglanz zeigen. Häufiger jedoch kommt es derb, als krustiger Überzug auf Gesteinsoberflächen oder als erdige bis pulverige Masse vor.
VORKOMMEN: In der Oxidationszone von nickelhaltigen Erzlagerstätten, oft als Überzüge auf den verschiedenen Nickelerzen.
BESONDERES: Seinen Namen trägt das Mineral nach dem Bergbauort Annaberg in Sachsen. Eine magnesiumreiche, intensiv apfelgrüne Varietät des Annabergits, die in der Sierra Cabrera in Spanien gefunden wird, wird **Cabrerit** genannt.
(Bild: Griechenland; Größe der Kristallaggregate bis zu 3 mm)

Vivianit

$Fe_3(PO_4)_2 \cdot 8H_2O$ (Eisen-Phosphat)

STRICHFARBE: Weiß bis blasses Hellblau
DICHTE UND KRISTALLFORM: 2,6 – 2,7 g/cm^3; monoklin
AUSSEHEN: Die prismatischen bis tafeligen Kristalle sind oft sternförmig oder kugelig angeordnet. Vivianit kommt aber auch derb, erdig und pulverig vor oder bildet Krusten auf anderen Mineralien. Er glänzt wie Perlmutt, dünne Kristallblättchen sind biegsam.
VORKOMMEN: Sowohl in Pegmatiten als auch in der Oxidationszone und in Sedimentgesteinen, häufig in Hohlräumen von Versteinerungen. Pulveriger Vivianit entsteht überdies bei der Zersetzung organischer Reste in Torfmooren.
BESONDERES: Vivianitkristalle können an trockener Luft mit der Zeit zerfallen. (Bild: Ukraine; Rosette 6 cm)

TYPISCH

Frisch aus dem Gestein geschlagene Stücke sind farblos und durchsichtig; an der Luft werden sie aber rasch grün bis blau, allmählich schwarzblau und undurchsichtig.

Schwefel

S

TYPISCH

Aufgrund der geringen Dichte fühlen sich Schwefelbrocken immer besonders leicht an. Bruchflächen sehen muschelig aus.

STRICHFARBE: Weiß
DICHTE: 2,0 – 2,1 g/cm^3
KRISTALLFORM: Orthorhombisch
AUSSEHEN: Die glänzenden Kristalle des Schwefels haben sehr oft die Form von Doppelpyramiden, spitzen Pyramiden oder dicken Tafeln, selten kommt Schwefel auch in dünntafeliger, körniger, faseriger, nieriger oder erdiger Form vor. Er kann hellgelb bis bräunlich oder grünlich gelb gefärbt und klar durchsichtig bis völlig undurchsichtig sein.
VORKOMMEN: In der Nähe vulkanischer Gasaustritte, in Lagern und Gängen in Sedimentgesteinen, in Salzlagerstätten, als Begleiter sulfidischer Erze und in Hohlräumen von Fossilien.
VERWENDUNG: Unter anderem zum Vulkanisieren von Kautschuk, in der Zellstoffindustrie und für Schädlingsbekämpfungsmittel. (Bild: Polen; Größe der Kristalle 1 cm)

› Zumeist bildet Halit durchscheinende Kristalle, sie können aber auch vollkommen durchsichtig sein. (Polen; Größe der Stufe 10 cm)

Halit | Steinsalz

NaCl (Natrium-Chlorid)

STRICHFARBE: Weiß
DICHTE UND KRISTALLFORM: 2,1 – 2,2 g/cm^3; kubisch
AUSSEHEN: Überwiegend kommt Halit als körnige bis dichte Masse vor. Kristalle stellen fast immer Würfel dar, die aber oft verzerrt sind oder gerundete Kanten haben. Halit kann farblos oder durch Verunreinigungen rötlich, gelb, grau oder blau sein.
VORKOMMEN: Mächtige Lagerstätten in vielen Teilen der Welt, gewöhnlich zusammen mit Gips und Anhydrit; in Steppen und Wüsten als Ausblühungen des Bodens sowie am Rand von Salzseen, auch an Austrittsstellen vulkanischer Gase.
VERWENDUNG: Seit ältester Zeit nutzten die Menschen das Steinsalz als Speisewürze und zur Nahrungskonservierung. (Großes Bild: Kalifornien/USA; 1 cm)

TYPISCH
Halit löst sich in Wasser auf. Von jedem anderen Mineral unterscheidet er sich durch seinen salzigen Geschmack.

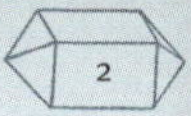

› Klar durchsichtige, tafelige Gipskristalle werden oft als Marienglas bezeichnet. (Kanada; Kristallgröße 3 cm)

Gips | Selenit

$CaSO_4 \cdot 2H_2O$ (Kalzium-Sulfat)

STRICHFARBE: Weiß
DICHTE UND KRISTALLFORM: 2,3 – 2,4 g/cm^3; monoklin
AUSSEHEN: Gips, als Mineral auch Selenit genannt, kann farblos, aber auch gelblich oder rosa sein und prismatische bis tafelige, nadelige oder linsenförmige Kristalle bilden. Dichte Massen sind unter dem Namen **Alabaster** bekannt, in Wüsten treten rosettenförmig angeordnete Gipskristalle mit eingeschlossenen Quarzkörnchen als **Sandrosen** auf.
VORKOMMEN: Kristalliner Gips findet sich in Tonen und Mergeln eingeschlossen, auf Erzlagerstätten, in alten Bergwerksstollen sowie in Wüsten.
VERWENDUNG: In der Zement- und Bauindustrie. Alabaster wird zu Plastiken, Gefäßen oder Schmuck verarbeitet. (Großes Bild: Hall/Tirol; Länge bis 2 cm)

TYPISCH

Gips zeigt Seiden- oder Perlmuttglanz und ist mit dem Fingernagel ritzbar. Lange Kristalle lassen sich auch vorsichtig biegen.

› Sechseckige Säulen sind eine typische Kristallform des Ettringits. (Südafrika; Kristallgröße 2 cm)

Ettringit

$Ca_6Al_2(SO_4)_3(OH)_{12} \cdot 24H_2O$
(Kalzium-Aluminium-Sulfat)

STRICHFARBE: Weiß
DICHTE UND KRISTALLFORM: 1,8 g/cm^3; hexagonal
AUSSEHEN: Gut ausgebildete Ettringitkristalle stellen glänzende, sechsseitige Säulen dar, die an den Enden pyramidenförmig zugespitzt sein können. Auch als Fasern, häufig sternförmig angeordnet, oder als feine, seidig glänzende Nadeln kommt das farblose bis milchig weiße oder hellgelbe Mineral vor.
VORKOMMEN: Selten, ausschließlich in vulkanischen Gesteinen, und zwar in Blasenhohlräumen oder in Kalksteineinschlüssen; in Deutschland in den Basaltlaven der Eifel bei Ettringen (Name!). (Großes Bild: Südafrika; 1 cm)

TYPISCH

Vom oft gemeinsam auftretenden Calcit kann Ettringit mit verdünnter Salzsäure unterschieden werden: Es kommt zu keiner Gasentwicklung, bei Calcit schon.

2–2½

Autunit

$Ca[UO_2/PO_4]_2 \cdot 8\text{–}12H_2O$
(Kalzium-Uran-Phosphat)

TYPISCH
Autunit ist stets gelb, oft mit einem Stich ins Grüne. Unter UV-Licht zeigt er ein starkes gelbgrünes Leuchten (Fluoreszenz).

STRICHFARBE: Weiß bis gelbliches Weiß
DICHTE: 3,2 g/cm³
KRISTALLFORM: Tetragonal
AUSSEHEN: Autunit kristallisiert in dünnen, rechteckigen, glänzenden Täfelchen. Er kann durchsichtig oder durchscheinend sein. Zuweilen bildet er krustige, schuppige oder erdige Aggregate.
VORKOMMEN: In der Oxidationszone von Erzlagerstätten.
VERWENDUNG: Als Rohstoff zur Gewinnung von Uran.
BESONDERES: Aufgrund seines Urangehalts ist Autunit radioaktiv. Sammlerstücke sollten keinesfalls in Wohnräumen aufbewahrt werden. Beim Hantieren damit sollte man aus Sicherheitsgründen weder essen noch trinken und sich hinterher unbedingt die Hände waschen. Von Kindern ist das Mineral fern zu halten.
(Bild: Bergen/Vogtland; einzelne Kristalltafeln bis zu 1 cm)

Glimmer

$AB_{2-3}[(OH,F)_2/AlSi_3O_{10}]$
(Silikate, verallgemeinerte Formel)

STRICHFARBE: Weiß
DICHTE UND KRISTALLFORM: 2,7 – 3,3 g/cm³; monoklin
AUSSEHEN: Unter der Bezeichnung Glimmer ist eine Gruppe von Silikatmineralien zu verstehen, die sich in ihren Eigenschaften sehr ähneln. Hervorstechendstes Merkmal ist die vollkommene Spaltbarkeit ihrer Kristalle zu hauchdünnen Schichten. Auf den glatten Flächen zeigen sie einen starken Glanz, das typische »Glimmern«.
Muskovit ist einer der häufigsten und wichtigsten Glimmer. Seine Kristalle sind gewöhnlich tafelförmig, gelegentlich auch pyramidal, dabei stets sechsseitig. Neben blättrigen, oft rosettigen Aggregaten treten auch dichte Massen

TYPISCH
Die einzelnen feinen Schichtblättchen von Glimmer kann man – vorsichtig – biegen. Lässt man sie wieder los, kehren sie zu ihrer geraden Form zurück.

› Der weit verbreitete Biotit zählt zu den dunklen Glimmern (Madagaskar; 1 cm)

auf. Die Größe von Muskovitkristallen reicht von feinsten Schüppchen bis zu metergroßen Gebilden. Meist ist Muskovit farblos, doch kann er auch gelblich, rötlich oder grün sein. Auch **Biotit** bildet sechseckige Kristalle, die ein- oder aufgewachsen sein können. Er tritt häufig in blättrigen Aggregaten sowie in Form von Rosetten oder dichten, schuppigen Massen auf. Biotit kann dunkelbraun, dunkelgrün oder schwarz gefärbt sein. **Phlogopit** kristallisiert auf dieselbe Art wie Biotit, nur ist er rotbraun, gelblich oder grünlich gefärbt, gelegentlich auch farblos. **Lepidolith** dagegen ist rosa, rosaviolett oder rötlich getönt.

VORKOMMEN: Unter den Glimmern sind Muskovit, Biotit und Phlogopit gesteinsbildend. Sie treten vor allem als Bestandteile von Graniten, Pegmatiten, Gneisen und Glimmerschiefern auf.

VERWENDUNG: Glimmer sind hervorragende Isolatoren für elektrischen Strom und für Wärme und werden industriell dafür eingesetzt. Muskovit und Phlogopit wurden schon vor über 300 Jahren zur Herstellung von Lampen und Fenstern verwendet. (Bild S. 76: Muskovit; Sachsen; 9 cm; großes Bild oben: Lepidolith; Kalifornien; 4 cm)

Silber

Ag

STRICHFARBE: Silberweiß, metallisch glänzend
DICHTE UND KRISTALLFORM: 9,6 – 12 g/cm³; kubisch
AUSSEHEN: Hauptsächlich findet man gediegenes Silber in der Natur in Form von knäueligen Drähten. Seltener kommen andere unregelmäßige Formen wie Bleche, Blättchen, skelettförmige Figuren, Krusten, Klumpen oder würfelige Kristalle vor. Seine silberweiße, metallisch glänzende Oberfläche ist häufig schwärzlich oder gelblich angelaufen.
VORKOMMEN: In hydrothermalen Gängen unterschiedlichster Temperaturen, gelegentlich auch in Flussseifen.
VERWENDUNG: Seit alter Zeit als Münz- und Schmuckmetall, heute in großen Mengen auch in der Elektroindustrie, Chemie und Fotografie.
(Bild: Freiberg/Sachsen; 6 x 10 cm)

TYPISCH
Silber ist außerordentlich dehnbar. Es bricht nicht, wenn man es zu dünnen Drähten auszieht oder zu feinsten Plättchen hämmert.

Vanadinit

$Pb_5[Cl/(VO_4)_3]$ (Blei-Vanadat)

TYPISCH

Zerschlägt man Stücke des spröden Minerals mit einem Hammer, zeigen die Bruchflächen eine muschelige Struktur.

STRICHFARBE: Weiß bis gelbliches Weiß
DICHTE: 6,8 – 7,1 g/cm^3
KRISTALLFORM: Hexagonal
AUSSEHEN: Kristalle des Vanadinits sind im Allgemeinen prismatisch bis tafelig, oft sehen sie wie kurze, sechsseitige Säulen oder vielflächige Nadeln aus. Auch in radialstrahligen, nierenförmigen und derben Aggregaten kommt das Mineral vor. Die Bandbreite seiner Färbungen reicht von Gelb über Braun bis Orange und Rot, der Glanz von Fettglanz bis Diamantglanz.
VORKOMMEN: Ausschließlich in der Oxidationszone von Bleierzlagerstätten, oft vergesellschaftet mit Pyromorphit, Mimetesit und Calcit oder von Descloizit umwachsen.
VERWENDUNG: Als Erz zur Gewinnung von Vanadium, das zur Stahllegierung und Herstellung UV-undurchlässigen Glases dient. (Bild: Marokko; Größe der Kristalle bis zu 1 cm)

› Skalenoeder sind eine charakteristische Kristallform des Calcits. (Bombay/Indien; Kristallgröße 4 cm)

Calcit | Kalzit | Kalkspat

$CaCO_3$ (Kalzium-Karbonat)

STRICHFARBE: Weiß
DICHTE UND KRISTALLFORM: 2,6 – 2,8 g/cm^3; trigonal
AUSSEHEN: Calcitkristalle können die verschiedensten Formen haben und auch als strahlige, kugelige oder nierenförmige Aggregate auftreten. In ungleich größeren Mengen kommt das Mineral aber als derbe Masse und Gestein vor. Während reiner Calcit farblos ist, verursachen Spuren von Verunreinigungen die unterschiedlichsten Färbungen.
VORKOMMEN: Calcit baut den größten Teil der Kalksteine und Marmore auf und kommt auch in vielen anderen Gesteinsarten vor. Kristallisierter Calcit ist an sehr vielen Stellen der Erde zu finden, vor allem in Drusen von Erzgängen. (Großes Bild: Italien; bis 2,3 cm)

TYPISCH

Beträufelt man Calcit mit kalter verdünnter Salzsäure, löst er sich unter heftiger Gasentwicklung auf. Der ähnliche Quarz ist deutlich härter, Gips hingegen weicher als Calcit.

> Neben prismatischen kommen bei Anhydrit oft tafelige Kristallformen vor. (Toskana; Kristallgröße 2 cm)

3–3½

Anhydrit

$CaSO_4$ (Kalzium-Sulfat)

STRICHFARBE: Weiß
DICHTE UND KRISTALLFORM: 3,0 g/cm³; orthorhombisch
AUSSEHEN: Überwiegend tritt das Mineral in derber Form auf und bildet körnige, faserige oder kugelige Aggregate. Kristalle sind gewöhnlich tafelig oder prismatisch. Üblicherweise ist Anhydrit farblos oder weiß, er kann aber auch grau, blau, rötlich oder blassviolett gefärbt sein. Je nach ihrer Transparenz zeigen die Stücke Glas- oder Perlmuttglanz.
VORKOMMEN: In großen Lagerstätten, die einst durch Ausfällung aus Meerwasser entstanden sind, ähnlich den Lagerstätten von Steinsalz und Gips, mit denen er auch meist gemeinsam vorkommt; daneben auch in hydrothermalen Gängen und alpinen Klüften.
(Großes Bild: Hartenstein/Sachsen; 5 cm)

TYPISCH
Beim Zerschlagen spaltet sich Anhydrit in lauter rechtwinklige, quaderförmige Spaltstücke, Bruchflächen sehen spätig aus.

› Meist kristallisiert Baryt in tafeliger Form. (Pöhla/Sachsen; Breite der Kristalle 3 cm)

Baryt | Schwerspat

$BaSO_4$ (Barium-Sulfat)

STRICHFARBE: Weiß
DICHTE UND KRISTALLFORM: 4,5 g/cm^3; orthorhombisch
AUSSEHEN: Überwiegend bildet Baryt tafelige Kristalle, seltener prismatische, nadelige oder säulenförmige. Häufig sind sie fächerförmig angeordnet. In großer Menge kommt das Mineral auch in derber Form vor. Reiner Baryt ist farblos bis weiß, verschiedene Verunreinigungen können ihn aber gelb, rötlich oder blau färben.
VORKOMMEN: Vor allem in hydrothermalen Gängen, ebenso als Kugeln oder Knollen in Sandstein und anderen Sedimenten eingeschlossen.
VERWENDUNG: Baryt stellt das bedeutendste Bariumerz dar und liefert damit einen wichtigen technischen Rohstoff. (Großes Bild: Dreislar/Sauerland; 12 cm)

TYPISCH
Baryt trägt seinen deutschen Namen Schwerspat nicht von ungefähr: Nimmt man Stücke in die Hand, fällt ihr ungewöhnliches Gewicht auf.

Cerussit

$PbCO_3$ (Blei-Karbonat)

STRICHFARBE: Weiß
DICHTE: 6,4–6,6 g/cm^3
KRISTALLFORM: Orthorhombisch
AUSSEHEN: Das von den Bergleuten als Weißbleierz oder Bleiweiß bezeichnete Mineral kann farblos durchsichtig oder durchscheinend weiß, grau, gelb oder bräunlich auftreten. Die zumeist prismatischen oder tafeligen, glänzenden Kristalle sind häufig knieförmig, manchmal auch sternförmig oder wabenartig verwachsen. Außer in gut ausgebildeten Kristallen tritt das Mineral auch in nieriger, krustiger oder erdiger Form auf.
VORKOMMEN: In der Oxidationszone von Bleierzgängen, als ein Verwitterungsprodukt von Galenit, daher meist zusammen mit diesem vorkommend; auch oft mit Pyromorphit und Smithsonit.
VERWENDUNG: Stellenweise wird Cerussit als Bleierz abgebaut. (Bild: Cornwall/Großbritannien; Länge der Kristalle bis 5 cm)

TYPISCH

Die charakteristischen stern- und wabenförmigen Kristallgebilde des Cerussits unterscheiden ihn von allen ähnlichen Mineralien.

› Adaminkristalle sehen gewöhnlich so glänzend und transparent wie Glas aus. (Mexiko; Durchmesser des Aggregats 1,6 cm)

Adamin

$Zn_2(OH/AsO_4)$ (Zink-Arsenat)

STRICHFARBE: Weiß
DICHTE UND KRISTALLFORM: 4,3–4,5 g/cm^3; orthorhombisch
AUSSEHEN: Die meist nur wenige Millimeter großen, wie Glas glänzenden Kristalle des Adamins sind prismatisch bis nadelig, selten tafelig. Häufig sitzen sie in strahliger Anordnung beieinander. Das Mineral bildet auch Krusten sowie nierenförmige oder kleinkörnige Aggregate. Meist erscheint es farblos, in verschiedenen Gelbtönen oder braun. Es gibt aber auch eine intensiv grüne (Cuproadamin), eine rosa bis violett gefärbte (Kobaltadamin, Bild) und eine gelblich grüne Varietät (Nickeladamin).
VORKOMMEN: Das ziemlich seltene Mineral findet sich in der Oxidationszone von Zinklagerstätten.
(Großes Bild: Mexiko; Länge 2 cm)

TYPISCH

Kupferfreier, farbloser bis gelber Adamin fluoresziert intensiv bei Bestrahlung mit UV-Licht. Bruchflächen sehen muschelig aus.

› Durch gesetzmäßige Verwachsung von jeweils drei Kristallen kann Aragonit sechsseitige Säulen bilden. (Spanien; Säulenhöhe 5 cm)

Aragonit

$CaCO_3$ (Kalzium-Karbonat)

STRICHFARBE: Weiß
DICHTE UND KRISTALLFORM: 3,0 g/cm^3; orthorhombisch
AUSSEHEN: Die glasartig glänzenden Aragonitkristalle können nadelig, prismatisch oder spatelförmig sein. Auch in strahliger oder körniger Form kommt das Mineral vor. Aragonit, der weißen Korallen gleicht, wird Eisenblüte genannt. Außer in Weiß und farblos tritt Aragonit auch in Rot, Blau, Gelb oder Violett auf.
VORKOMMEN: In der Oxidationszone, in Drusen und Klüften von Ergussgesteinen oder in Tonen eingewachsen, zudem in den Ablagerungen heißer Quellen.
VERWENDUNG: Dichte Massen von Aragonit werden in polierter Form zu Schmuckstücken und anderen kunstgewerblichen Gegenständen verarbeitet. (Großes Bild: Schwaz/Tirol; 6 cm)

TYPISCH

Beträufelt man Stücke von Aragonit mit ein wenig verdünnter Salzsäure, kommt es zu einer lebhaften Gasentwicklung.

Pyromorphit

$Pb_5[Cl/(PO_4)_3]$ (Blei-Phosphat)

STRICHFARBE: Weiß
DICHTE UND KRISTALLFORM: 6,7 – 7,0 g/cm³; hexagonal
AUSSEHEN: Zumeist ist Pyromorphit grün oder braun gefärbt, doch auch in Orange, Weiß oder farblos tritt er auf. Seine fettig glänzenden, prismatischen Kristalle sind vorwiegend säulenförmig ausgebildet, aber auch nadelige Kristalle kommen vor, nicht selten in größerer Zahl nebeneinander oder radialstrahlig angeordnet. Ebenso tritt das Mineral in kugeligen oder nierenförmigen Aggregaten, Krusten oder in erdiger Form auf.
VORKOMMEN: In der Oxidationszone von Bleilagerstätten aller Art, insbesondere in den obersten Schichten.
VERWENDUNG: Als Bleierz, doch selten in wirtschaftlichen Mengen auftretend. (Bild: Siegerland; Kristallgröße 1 cm)

TYPISCH

Häufig wölben sich die Flächen säuliger Pyromorphitkristalle nach außen, sodass tönnchenförmige Gebilde entstehen.

Mimetesit

$Pb_5[Cl/(AsO_4)_3]$ (Blei-Arsenat)

STRICHFARBE: Weiß
DICHTE: 7,1 g/cm^3
KRISTALLFORM: Hexagonal
AUSSEHEN: Die Farbpalette von Mimetesit reicht von Gelb über Braun, Grün und Orange bis Grau und Weiß, auch farblos tritt er auf. Seine glänzenden Kristalle können prismatisch, tönnchenförmig, tafelig oder nadelig aussehen. Auch als Krusten oder nierenförmige Aggregate tritt Mimetesit auf.
VORKOMMEN: Nur in der Oxidationszone solcher Bleilagerstätten, die auch andere arsenhaltige Mineralien enthalten.
BESONDERES: Mimetesit und Pyromorphit sind sich in ihrer Kristallstruktur so ähnlich, dass es zur Bildung von Mischkristallen kommt. Es handelt sich um rundliche oder tönnchenförmige, orangerote Kristalle, die als **Kampylit** bezeichnet werden.
(Bild: Thailand; Länge der Kristalle bis zu 1 cm)

TYPISCH
Die Bruchflächen des spröden Minerals sehen muschelig aus. Eine Spaltbarkeit der Kristalle ist nicht zu erkennen.

Dolomit

$CaMg(CO_3)_2$ (Kalzium-Magnesium-Karbonat)

STRICHFARBE: Weiß
DICHTE UND KRISTALLFORM: 2,9 g/cm^3; trigonal
AUSSEHEN: Überwiegend tritt Dolomit in körnigen bis dichten Massen auf. Kristalle kommen fast nur in der Grundform des Rhomboeders vor, oft mit sattelförmig gekrümmten Flächen. Sie glänzen wie Glas. In seiner Färbung variiert das Mineral von Weiß über Grau und Bräunlich bis zu fast reinem Schwarz.

VORKOMMEN: Sehr häufiges, gesteinsbildendes Mineral, aus dem ganze Bergmassive bestehen; in hydrothermalen Gängen als erzbegleitendes Mineral oder in Drusen; Kristalle oft auf Klüften von Dolomitgestein.
VERWENDUNG: Zermahlen als wertvolles mineralisches Düngemittel.
(Bild: Siegerland; 6 cm)

TYPISCH

Unter UV-Licht zeigt Dolomit teilweise eine starke Fluoreszenz. Kristalle sind sehr gut spaltbar, Bruchflächen sehen spätig aus.

› So gut ausgebildete Kristalle wie dieses 2 cm große Exemplar aus Peru sind bei Rhodochrosit vergleichsweise selten.

Rhodochrosit | Manganspat

$MnCO_3$ (Mangan-Karbonat)

STRICHFARBE: Weiß
DICHTE UND KRISTALLFORM: 3,3 – 3,6 g/cm^3; trigonal
AUSSEHEN: Meist ist Rhodochrosit rosafarben bis hellrot getönt, oft mit deutlicher Bänderung, gelegentlich auch gelbgrau oder bräunlich. Die wie Glas glänzenden, überwiegend undurchsichtigen, rhomboedrischen Kristalle sind häufig an den Kanten gerundet. Oft kommen derbe Krusten oder tropfstein- oder nierenförmige Gebilde vor. Kugelige Aggregate werden **Himbeerspat** genannt.
VORKOMMEN: Vor allem in hydrothermalen Erzgängen, auch oft in vulkanischen oder metamorphen Gesteinen.
VERWENDUNG: Insbesondere gebänderte Varietäten werden zu Schmuckkugeln oder Ziergegenständen geschliffen.
(Großes Bild: Siegerland; 5 mm)

TYPISCH
An seiner rosenroten Färbung und den oft mehr oder weniger gerundeten Kristallen ist Rhodochrosit gewöhnlich leicht zu erkennen.

Cavansit

$Ca[VO/Si_4O_{10}] \cdot 4H_2O$ (Kalzium-Silikat)

STRICHFARBE: Bläuliches Weiß
DICHTE UND KRISTALLFORM: 2,6 g/cm³; orthorhombisch
AUSSEHEN: Cavansit bildet nadelige bis dünn- oder dicktafelige Kristalle, die oft zu Rosetten oder gar kugeligen Aggregaten verwachsen sind. Ganz typisch ist die intensiv blaue Farbe, die manchmal auch einen leichten Stich ins Grüne aufweist.
VORKOMMEN: Ausschließlich in Hohlräumen vulkanischer Gesteine, oft zusammen mit Apophyllit.
BESONDERES: Cavansit war lange Zeit weltweit lediglich aus zwei amerikanischen Vorkommen bekannt und nur als ganz kleine Kristalle. Erst vor einigen Jahren entdeckte man nahe der indischen Stadt Poona Cavansit in beträchtlichen Mengen und stattlichen Kristallen.
(Bild: Indien; Aggregatgröße 3 cm)

TYPISCH

Seine intensiv blaue Farbe und das Vorkommen in Hohlräumen vulkanischer Gesteine kennzeichnen den Cavansit eindeutig.

› Strengit kommt oft in kleinen, kugeligen Aggregaten vor. (Schweden; Größe der Kugeln 5 mm)

Strengit

$FePO_4 \cdot 2H_2O$ (Eisen-Phosphat)

STRICHFARBE: Weiß
DICHTE UND KRISTALLFORM: 2,9 g/cm^3; orthorhombisch
AUSSEHEN: Strengit bildet zumeist nur sehr kleine, tafelige Kristalle oder radialstrahlige und runde Aggregate. Auch in Form von Krusten und feinen Überzügen über anderen Mineralien kommt er vor. Seine Färbung kann rot- oder blauviolett, rosa bis rot, gelb oder weiß sein, manchmal tritt er auch farblos auf.
VORKOMMEN: In Lagerstätten von phosphorhaltigem Eisenerz sowie in phosphathaltigen Pegmatiten, häufig auch gemeinsam mit Strunzit und Wavellit.
BESONDERES: Einige der weltschönsten Strengitstufen wurden im bayerischen Pleystein gefunden, mit bis zu 5 cm großen, amethystfarbenen Kristallen.
(Großes Bild: Pleystein; Kristall 8 mm)

TYPISCH

Der seltene Strengit glänzt stets wie Glas. Er lässt sich vollkommen spalten, und seine Bruchflächen sehen muschelig aus.

Strunzit

$MnFe_2[OH/PO_4]_2$ (Mangan-Eisen-Phosphat)

STRICHFARBE: Weiß
DICHTE UND KRISTALLFORM: 2,5 g/cm³; triklin
AUSSEHEN: Das strohgelbe Mineral tritt in feinnadeligen bis haarförmigen, glänzenden Kristallen auf, in seltenen Fällen können sie auch prismatische Form haben.
VORKOMMEN: Bei Strunzit handelt es sich um ein oberflächennahes Verwitterungsprodukt in phosphathaltigen Pegmatiten. Typische Begleitmineralien sind z. B. Apatit, Vivianit oder Strengit.
BESONDERES: Strunzit wurde nach dem deutschen Mineralogen Hugo Strunz benannt, der in den 1940er Jahren die kristallchemische Systematik der Mineralien begründet und viele Mineralien als Erster beschrieben hat.
(Bild: Cornwall/Großbrit.; Nadeln 3 mm)

TYPISCH

Die spröden Nadeln des Strunzits brechen sehr leicht ab. Mit einfachen Mitteln ist Strunzit oft nicht von Kakoxen zu unterscheiden.

› Vor allem zweifarbige Exemplare der strahligen Wavellitaggregate sehen äußerst attraktiv aus. (Arkansas/USA; Länge der Nadeln 1 cm)

Wavellit

$Al_3[(OH)_3/(PO_4)_2] \cdot 5H_2O$ (Aluminium-Phosphat)

STRICHFARBE: Weiß
DICHTE UND KRISTALLFORM: 2,3 – 2,4 g/cm^3; monoklin
AUSSEHEN: Wavellit bildet Strahlenscheiben sowie halbkugelige oder kugelige, manchmal auch traubenförmige Aggregate, die sich aus feinnadeligen bis faserigen Kristallen zusammensetzen. Sie können farblos oder weiß, gelb oder grün, auch zweifarbig sein und zeigen einen glasartigen oder seidigen Glanz.
VORKOMMEN: Vorwiegend auf Klüften von Kieselschiefer, zersetztem Granit oder Kalkstein, oft begleitet von Strengit oder Kakoxen.
VERWENDUNG: An einigen Fundstellen in den USA, an denen Wavellit in größerer Menge vorkommt, wird er zur Gewinnung von Phosphat abgebaut.
(Großes Bild: Großbrit.; Durchm. 2 cm)

TYPISCH
Dichte radialstrahlige Aggregate mit sehr feinen Kristallnadeln, nicht selten zweifarbig, sind charakteristisch für Wavellit.

Fluorit | Flussspat

CaF_2 (Kalzium-Fluorid)

STRICHFARBE: Weiß
DICHTE UND KRISTALLFORM: 3,1 – 3,2 g/cm^3; kubisch
AUSSEHEN: Gut ausgebildete Kristalle in der Form von Würfeln oder Oktaedern kommen bei Fluorit sehr oft vor, ebenso Kombinationen beider Formen untereinander oder mit anderen Kristallformen. Die Würfelflächen sind häufig parkettiert. Auch in strahliger, nierenförmiger oder derber Ausbildung tritt Fluorit auf. Das wie Glas glänzende Mineral weist eine breite Farbpalette auf, die von Weiß über Rosa, Gelb und Braun bis Grün, Blau und Violett reicht. Nicht selten zeigen einzelne Kristalle zwei oder mehr Farben. Völlig klare, farblose Stücke sind hingegen selten. Durch Zerfall radioaktiver Verunreinigungen können die

TYPISCH

Bei Bestrahlung mit UV-Licht leuchtet Fluorit mit blauem bis violettem Ton auf. Der Begriff Fluoreszenz geht auf dieses Mineral zurück.

Die rosafarbenen Fluorit-Oktaeder aus Göschenen in der Schweiz sind bei Sammlern besonders beliebt. (Kristallgröße bis zu 2 cm)

Kristalle blauschwarz gefärbt sein und beim Anschlagen nach Fluorgas riechen. Man spricht dann von **Stinkspat**.

VORKOMMEN: Fluorit tritt vor allem in hydrothermalen Gängen und Drusen in Kalkgestein sowie in Klüften von Silikatgesteinen auf, ebenso in Lagen von Sedimentgesteinen. Gewöhnlich findet er sich in Begleitung von Calcit, Baryt, Quarz und den verschiedensten Erzmineralien, insbesondere aber Zinnerzen.

VERWENDUNG: Der deutsche Name Flussspat stammt von der Verwendung des Minerals im Hüttenwesen: Als so genanntes Flussmittel dem Erz zugesetzt, beschleunigt Fluorit die Schmelze. Heute dient Fluorit darüber hinaus hauptsächlich als Rohstoff für die Gewinnung von Fluor, das unter anderem zur Herstellung von Kunststoffen und Treibgasen eingesetzt wird.

BESONDERES: Im antiken Griechenland und in Rom fertigte man aus Fluorit, der aus dem Gebiet des heutigen Iran eingeführt wurde, kostbare bunte Gefäße. Diese »Murrhinischen Vasen« (von lateinisch *murrha*, der Fluorit) waren überaus geschätzt.

(Bild S. 94: Hocharn/Österreich; Größe der Kristalle 1 cm; großes Bild oben: Freiberg/Sachsen; Würfelgröße 3 cm)

› Häufiger als in Kristallen kommt Magnesit als derbe, körnige oder, wie hier, als spätige Masse vor. (Trieben/Österreich; 20 cm)

Magnesit

$MgCO_3$ (Magnesium-Karbonat)

STRICHFARBE: Weiß
DICHTE UND KRISTALLFORM: 3,0 g/cm^3; trigonal
AUSSEHEN: Überwiegend tritt Magnesit als derbe, körnige oder spätige Masse auf, gelegentlich bildet er aber auch durchscheinende Kristalle mit glasartigem Glanz, die meist eingewachsen sind. Er kann farblos, weiß, gelblich, bräunlich oder grau sein.
VORKOMMEN: Häufig in Dolomitgestein und in Talkschiefern.
VERWENDUNG: Magnesit stellt einen bedeutenden feuerfesten Rohstoff dar und dient überdies zur Herstellung von Porzellan, Keramik und speziellen Zementen.
BESONDERES: Wegen des Elements Magnesium, dessen Salze bitter schmecken, wird Magnesit mit altem deutschem Namen auch Bitterspat genannt.
(Großes Bild: Brasilien; Höhe 3 cm)

TYPISCH

Im UV-Licht zeigt Magnesit manchmal eine starke bläulich oder grünlich weiße Fluoreszenz. Bruchflächen sehen spätig aus.

› Cyanitkristalle kommen ausschließlich in Gestein eingewachsen vor. (Böhmerwald; Kristalllänge bis zu 8 cm)

Cyanit | Kyanit | Disthen

$Al_2[O/SiO_4]$ (Silikat)

STRICHFARBE: Weiß
DICHTE UND KRISTALLFORM: 3,6–3,7 g/cm^3; triklin
AUSSEHEN: Cyanit bildet zumeist stängelige Kristalle, die wellig oder gedreht und radialstrahlig angeordnet sein können. Die durchsichtigen bis durchscheinenden Kristalle sind blau bis grau oder weißlich getönt und zeigen eine deutliche Querstreifung.
VORKOMMEN: Eingewachsen in metamorphen Gesteinen, insbesondere in Gneisen und Glimmerschiefern.
VERWENDUNG: In der Technik dient das Mineral als Rohmaterial für hochfeuerfeste Stoffe sowie für säurefeste Keramiken. Durchsichtige Cyanite werden bisweilen zu Schmucksteinen geschliffen. (Großes Bild: Tessin/Schweiz; 2 cm)

TYPISCH

Cyanit zeichnet sich durch unterschiedliche Härte aus, je nachdem, in welche Richtung man ihn ritzt. In Längsrichtung hat er Härte 4–4 1/2, quer dazu Härte 6–7.

Apophyllit

$KCa_4[(F,OH)/(Si_4O_{10})_2] \cdot 8H_2O$ (Silikat)

STRICHFARBE: Weiß

DICHTE UND KRISTALLFORM: 2,3 – 2,4 g/cm³; tetragonal

AUSSEHEN: Die Kristalle dieses Minerals sind beinahe stets aufgewachsen und sehen meist tafelig, würfelähnlich, prismatisch oder wie Doppelpyramiden aus. Neben farblosen treten auch gelbe, grüne, braune oder rosafarbene Exemplare auf. Außer in gut ausgebildeten Kristallen kommt Apophyllit auch in blättrigen oder körnigen Aggregaten sowie in derber Form vor.

VORKOMMEN: In Drusen, Klüften von Erzgängen, Blasenhohlräumen vulkanischer Gesteine sowie alpinen Klüften.

VERWENDUNG: Klar durchsichtige Kristalle werden manchmal zu Sammlersteinen geschliffen.

(Bild: Sibirien; Größe der Stufe 5 cm)

TYPISCH

Die spröden Apophyllitkristalle glänzen größtenteils wie Glas, auf ihrer Basisfläche bzw. auf Spaltflächen jedoch wie Perlmutt.

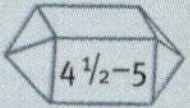

Scheelit

$CaWO_4$ (Kalzium-Wolframat)

STRICHFARBE: Weiß
DICHTE: 5,9 – 6,1 g/cm^3
KRISTALLFORM: Tetragonal
AUSSEHEN: Das Mineral tritt vorwiegend als ein- oder aufgewachsene Doppelpyramiden auf, seltener als Pyramiden mit einer Basis oder dicktafelig. Auch derbe oder körnige Aggregate kommen vor. Scheelit kann farblos oder weiß, ebenso gelblich grau, orangegelb bis orangerot oder braun sein.
VORKOMMEN: Hauptsächlich findet sich Scheelit in Pegmatiten und pneumatolytischen Gängen, an einigen Stellen tritt er auch in Golderzgängen und alpinen Klüften auf.
VERWENDUNG: Scheelit wird als wichtiges Wolframerz gefördert. Wolfram dient vor allem als Legierungsmetall für Spezialstähle und zur Herstellung von Glühfäden von Glühbirnen.
(Bild: Sichuan/China; Größe des Kristalls 1,2 cm)

TYPISCH

Unter UV-Licht zeigt Scheelit eine kräftige Fluoreszenz. Bruchflächen der fettig glänzenden Kristalle sehen muschelig aus.

Smithsonit | Zinkspat

$ZnCO_3$ (Zink-Karbonat)

STRICHFARBE: Weiß
DICHTE UND KRISTALLFORM: 4,3 – 4,5 g/cm³; trigonal
AUSSEHEN: In der Regel tritt Smithsonit in erdigen oder dichten Aggregaten, als Kruste mit nieren- oder traubenförmiger Oberfläche oder in tropfsteinähnlichen Gebilden auf. Gut ausgebildete Kristalle sind selten. Die Farbpalette des wie Glas glänzenden Minerals reicht von Weiß über Grau, Gelb und Braun bis Rot, Grün und Blau. Auch klare, farblose Kristalle kommen vor.
VORKOMMEN: Als typisches Verwitterungsmineral des Sphalerits ist der Smithsonit in der Oxidationszone zu finden.
VERWENDUNG: Smithsonit stellt ein bedeutendes Zinkerz dar.
(Bild: Griechenland; Kristalle 2 cm)

TYPISCH

Massiver Smithsonit fühlt sich deutlich schwerer an als der ähnliche Calcit. Im Gegensatz zu diesem entwickelt er mit verdünnter Salzsäure keine Gasbläschen.

› Apatit kann in den unterschiedlichsten Farben auftreten, darunter auch in Rot. (Pakistan; Kristallgröße 4 cm)

Apatit

$Ca_5[(F,Cl)/(PO_4)_3]$ (Kalzium-Phosphat)

STRICHFARBE: Weiß
DICHTE UND KRISTALLFORM: 3,2 g/cm³; hexagonal
AUSSEHEN: Das in den verschiedensten Farben auftretende, wie Glas glänzende Mineral bildet prismatische, lang- bis kurzsäulige, tafelige, nadelige oder vielflächige, kugelig erscheinende Kristalle, die auf- oder eingewachsen sein können. Auch in derber Ausbildung kommt es vor.
VORKOMMEN: In mikroskopisch feiner Verteilung Bestandteil aller magmatischen Gesteine, frei gewachsene Kristalle in deren Klüften und Hohlräumen, ebenso in Pegmatiten und alpinen Klüften, einzelne Klumpen in Sedimentgestein.
VERWENDUNG: Apatit wird zur Herstellung von Phosphatdünger verwendet. (Großes Bild: Österreich; Kristall 1 cm)

TYPISCH

Ebenso vielfältig wie die Formen sind auch die Farben von Apatit. Er kann gelb, grün, violett, blau, rot oder grau sein, dazu noch weiß oder farblos.

› Zeichnung und Färbung der meisten Türkise werden erst gut sichtbar, wenn der Stein, wie hier, angeschliffen ist. (Iran; 4 cm)

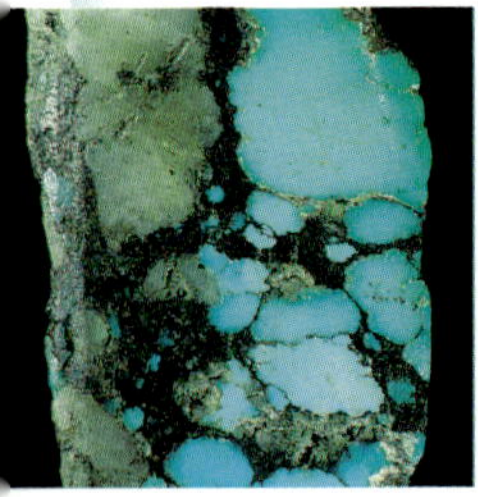

Türkis

$CuAl_6[(OH)_2/PO_4]_4 \cdot 4H_2O$
(Kupfer-Aluminium-Phosphat)

STRICHFARBE: Weiß
DICHTE UND KRISTALLFORM: 2,6 – 2,8 g/cm^3; orthorhombisch
AUSSEHEN: Türkis ist undurchsichtig und häufig von einer braunen oder schwarzen Äderung durchzogen. Nur sehr selten bildet er Kristalle, und wenn, sind diese winzig. In der Regel kommt er als derbe, knollige Masse, als Kruste oder als Spaltenfüllung vor. Er glänzt wachsähnlich oder ist matt.
VORKOMMEN: In Klüften oder als Spaltenfüllung in aluminiumreichen Gesteinen, oft zusammen mit Limonit oder Chalcedon.
VERWENDUNG: Schon seit Jahrtausenden wird Türkis zu Schmuck und kunstgewerblichen Gegenständen verarbeitet. (Großes Bild: Cornwall/Großbrit.; 4 cm)

TYPISCH
Außer in dem charakteristischen Grünblau, das seinen Namen trägt, tritt Türkis manchmal auch hellblau oder hellgrün auf.

Anatas

TiO_2 (Titan-Oxid)

TYPISCH
Die Kristalle des Anatas zeigen typischerweise eine feine Querstreifung. Ihr Glanz kann metallisch, glas- bis fettartig oder gar diamantähnlich sein.

STRICHFARBE: Weiß
DICHTE: 3,8 – 3,9 g/cm^3
KRISTALLFORM: Tetragonal
AUSSEHEN: Die charakteristischen Kristallformen von Anatas sind spitze bis flache Doppelpyramiden, die bis zu tafeligen Gebilden abgeflacht sein können. In der Färbung variieren sie von Rosa und Rot über Gelb, Grün, Braun und Blau bis Schwarz, gelegentlich kommen auch farblose Exemplare vor.
VORKOMMEN: Hauptsächlich in alpinen Klüften, manchmal auch lose in Seifen oder goldhaltigen Sanden liegend.
BESONDERES: Anatas hat genau dieselbe chemische Zusammensetzung wie Rutil und Brookit. Deren unterschiedliches Aussehen beruht nur auf einer anderen inneren Struktur der Kristalle. (Bild: Norwegen; Größe der Kristalle bis zu 1,7 cm)

› Eine ausgeprägte Streifung ist typisch für viele Brookitkristalle. (Ural; Größe des Kristalls 2,5 cm)

Brookit

TiO_2 (Titan-Oxid)

STRICHFARBE: Weiß bis helles Braun
DICHTE UND KRISTALLFORM: 4,1 g/cm^3; orthorhombisch
AUSSEHEN: Das Mineral ist nicht in derber Ausbildung, sondern ausschließlich in Form von Kristallen bekannt. Es kristallisiert vorwiegend dünntafelig, manchmal bildet es auch sechsseitige Doppelpyramiden und wird dann **Arkansit** genannt. Meist sind die Kristalle durchscheinend und weisen eine deutliche Längsstreifung auf. Ihre Färbung kann gelb- bis rotbraun, grünlich oder fast schwarz sein, wobei sie diamantartig, manchmal auch leicht metallisch glänzen. Oft durchziehen eingelagerte undurchsichtige, dunkle Substanzen die Kristalle.
VORKOMMEN: Vor allem in den alpinen Klüften, oft zusammen mit Anatas. (Großes Bild: Ankogel/Österreich; 3 cm)

TYPISCH
Viele dünntafelige Brookitkristalle aus alpinen Klüften zeigen eine charakteristische schwarze, sanduhrförmige Zeichnung.

› Leucit kann als kleine und größere Einsprengsel vulkanisches Gestein durchsetzen. (Latium/Italien; Größe des Stücks 14 cm)

Leucit

$KAlSi_2O_6$ (Kalium-Aluminium-Silikat)

STRICHFARBE: Weiß
DICHTE UND KRISTALLFORM: 2,5 g/cm^3; tetragonal
AUSSEHEN: Leucitkristalle weisen stets 24 regelmäßig geformte Flächen auf. Meistens sind die Kristalle in Gestein eingewachsen und in ihrer Form sehr gut ausgebildet, aufgewachsene Exemplare kommen seltener vor. Das gewöhnlich durchscheinende Mineral ist in der Regel weiß, doch auch durchsichtige, farblose Exemplare werden gelegentlich gefunden, ebenso graue.
VORKOMMEN: Nur in vulkanischen Gesteinen, oft zusammen mit Augit.
VERWENDUNG: Aufgrund seines Kaliumgehalts hat man Leucit früher zu Mineraldünger verarbeitet.
(Großes Bild: Latium/Italien; 2 cm)

TYPISCH

Weiße Kristalle mit 24 gleichen Flächen sind überaus typisch für Leucit. Kristalle der gleichen Form kann auch Granat bilden, dieser ist aber so gut wie nie weiß.

Orthoklas, ein häufiger Kalifeldspat, ist meist milchig weiß bis rötlich, selten klar gelb wie dieses 3,7 cm große Exemplar aus Madagaskar.

Feldspat

Silikate unterschiedlicher Zusammensetzung

STRICHFARBE: Weiß
DICHTE UND KRISTALLFORM: 2,6 g/cm³; monoklin und triklin
AUSSEHEN: Feldspat tritt in verschiedenen Varietäten auf, die sich nach ihrer chemischen Zusammensetzung in zwei Gruppen einteilen lassen, in **Kalifeldspat** und in **Plagioklas**. Die Kristalle sind prismatisch bis tafelig und glasig glänzend. In derber Form kommt Feldspat oft in großen Massen vor. Er kann farblos durchsichtig oder milchig weiß sein, aber auch grau, gelb, braun, rötlich oder grün, durchscheinend bis undurchsichtig.
VORKOMMEN: Die Feldspatarten sind gesteinsbildende Mineralien und in ihrer Gesamtheit das häufigste Mineral der Erdkruste. Typische Begleitmineralien sind vor allem Quarz und Glimmer (Großes Bild: Orthoklas; Italien; 3 cm)

TYPISCH

Feldspat ist in drei aufeinander senkrecht stehenden Richtungen spaltbar. Seine Bruchflächen haben ein muscheliges Aussehen.

› Durchsichtige Opale werden als Hyalit bezeichnet. (Tschechische Republik; Größe 3 cm)

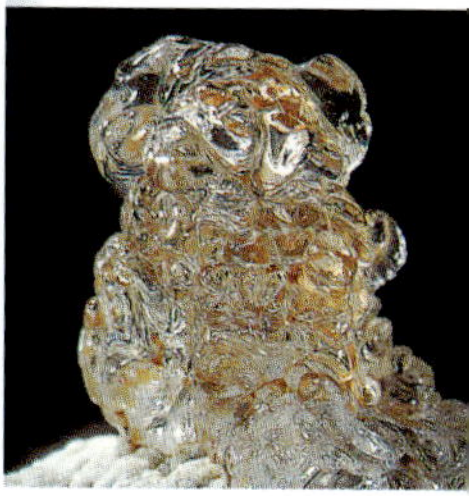

Opal

$SiO_2 \cdot nH_2O$ (Silizium-Oxid)

STRICHFARBE: Weiß

DICHTE UND KRISTALLFORM: 1,9–2,2 g/cm^3; amorph

AUSSEHEN: Opal kann farblos und durchsichtig sein – er heißt dann **Hyalit** – oder weiß und undurchsichtig als **Milchopal**. **Edelopale** sind weißlich, bläulich, grau oder schwarz und fallen durch ihr lebhaftes Farbspiel auf, **Feueropale** präsentieren sich durchscheinend orange bis rot. Der Großteil an Opalen jedoch ist undurchsichtig, ihre Farbe variiert von Grün über Rot und Braun bis Gelb.

VORKOMMEN: In Sedimentgestein, auch in Hohlräumen vulkanischer Gesteine. Die größten Fundstätten liegen im Inneren Australiens.

VERWENDUNG: Vor allem Edelopale sind überaus wertvolle Schmucksteine. (Großes Bild: Australien; 2 cm)

TYPISCH

Edelopal ist durch sein lebhaftes Farbspiel unverkennbar. Der Glanz von Opalen kann glasartig, aber auch fett- oder wachsartig sein.

› Bräunliche Farbtöne mit einem Stich ins Violette oder Rote sind beim Axinit am häufigsten. (Kristallgröße bis zu 2,8 cm)

Axinit

$Ca_2(Fe,Mg,Mn)Al_2[OH/BO_3/Si_4O_{12}]$ (Silikat)

STRICHFARBE: Weiß
DICHTE UND KRISTALLFORM: 3,3 g/cm^3; triklin
AUSSEHEN: Der Name Axinit, der vom griechischen *axine*, das Beil, abgeleitet ist, beschreibt die Kristalle dieses Minerals treffend: Sie sind keilförmig und sehr scharfkantig. Meist ist Axinit auf anderen Mineralien aufgewachsen, aber auch in derber, spätiger oder stängeliger Ausbildung tritt er auf. Seine Färbung variiert von Braun über Grau, Violett und Blau bis Grünlich, er ist durchsichtig bis durchscheinend.
VORKOMMEN: Pneumatolytisch entstandener Axinit findet sich in kalkreichen Gesteinen. Schöne, hydrothermal entstandene Kristalle treten in alpinen Klüften oder in Drusen von Pegmatiten auf. (Großes Bild: Sachsen; Kristall 3 cm)

TYPISCH

Aus verschiedenen Richtungen betrachtet können Axinitkristalle eine deutlich unterschiedliche Farbtönung aufweisen.

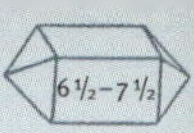

› Die Granatvarietät **Uwarowit** zeigt eine sattgrüne Färbung. (Finnland; Kristallgröße 1,2 cm)

Granat

$(Mg,Fe,Ca)_3(Al,Fe,Cr)_2[SiO_4]_3$ (Silikat)

STRICHFARBE: Weiß
DICHTE UND KRISTALLFORM: 3,4 – 4,6 g/cm^3; kubisch
AUSSEHEN: Granate sind eine Gruppe von Mineralien mit sehr ähnlichen physikalischen Eigenschaften, dabei jedoch höchst unterschiedlicher Färbung, von Rot über Braun und Gelb bis Grün und Schwarz, auch farblos. Meist bilden sie glänzende, durchsichtige bis undurchsichtige Kristalle mit oft 12 oder 24 gleichen Flächen.
VORKOMMEN: In den unterschiedlichsten metamorphen Gesteinen, manche auch in vulkanischen oder Tiefengesteinen, eingewachsen oder in Klüften, Drusen und Hohlräumen.
VERWENDUNG: Schon in der Antike als Edelsteine beliebt und begehrt.
(Gr. Bild: Andradit; Griechenland; 1 cm)

TYPISCH

Granate finden sich auch lose in so genannten Edelsteinseifen. Solche »abgerollten« Kristalle haben abgeschliffene, gerundete Kanten.

› Bergkristall ist Quarz in seiner reinsten Ausbildung. (Peru; Länge der Kristalle 2 cm)

Quarz

SiO_2 (Silizium-Oxid)

STRICHFARBE: Weiß
DICHTE UND KRISTALLFORM: 2,7 g/cm³; trigonal
AUSSEHEN: Quarzkristalle können kurzprismatisch, nadelig, plattenförmig oder verzerrt aussehen oder Doppelpyramiden darstellen. Aggregate sind entweder radialstrahlig oder körnig, manche auch stängelig. Außerdem tritt Quarz in derber Ausbildung auf. Reiner Quarz ist farblos, doch Spuren anderer Elemente im Kristallaufbau führen zu den unterschiedlichsten Färbungen.

Quarz kommt in zahllosen Varietäten vor, die jeweils mit eigenen Namen bezeichnet werden:

Bergkristall ist farblos und wasserklar. Er tritt hauptsächlich in alpinen Klüften auf. Griechen und Römer der Antike

TYPISCH

Die meisten Quarzkristalle sind im Querschnitt sechsseitig, doch es gibt auch in ihrem Grundaufbau dreiseitige Kristalle. Oft weisen sie feine Querstreifen auf.

hielten ihn für so tiefgefrorenes Eis, dass es selbst in der Hitze nicht schmilzt, gleichsam versteinert ist, und benannten ihn mit dem griechischen Wort *krystallos,* das Eis. Bis in die Neuzeit galt der Begriff Kristall nur für dieses Mineral.

Rauchquarz werden rauchig graubraune bis dunkelbraune Quarze genannt, die durchsichtig bis undurchsichtig sein können und durch natürliche radioaktive Bestrahlung von Quarzen entstanden sind. Eine tiefschwarze, undurchsichtige Varietät davon wird als **Morion** bezeichnet. Im Übrigen wird Rauchquarz durch Bestrahlung von Bergkristall mit Röntgenstrahlen oder radioaktiver Strahlung auch künstlich hergestellt.

Amethyst ist hell- bis dunkelviolett gefärbt. Er kleidet Blasenhohlräume in vulkanischen Gesteinen aus, seltener tritt er in Erzgängen und alpinen Klüften auf.

Citrin bildet blassgelbe Kristalle, die in Drusen und auf alpinen Klüften wachsen. Die im Handel unter dieser Bezeichnung angebotenen Steine sind allerdings größtenteils »gebrannte« Amethyste. Bei rund 500 °C nimmt nämlich brasilianischer Amethyst dauerhaft eine gelbe Färbung an.

Rosenquarz ist eine rosa gefärbte Quarzvarietät, die fast ausschließlich derb vorkommt. Erst seit kurzer Zeit ist er auch in Form von Kristallen bekannt.

Tigerauge hat goldgelbe und braune Streifen, die einen wogenden Schimmer zeigen.

Aventurin ist ein grüner, ausschließlich derber Quarz, dem Einschlüsse von Glimmer und Hämatitschüppchen ein metallisches Schillern verleihen.

Chalcedon zählt zu den mikrokristallinen Quarzen, d. h., er bildet kleinste, nur unter dem Mikroskop erkennbare Kristalle und Fasern, die in dichten Massen als schalige, nieren- oder traubenförmige Krusten oder Hohlraumfüllungen in vulkanischen Gesteinen zu finden sind. Gewöhnlicher Chalcedon ist meist grau oder graublau, Varietäten gibt es jedoch in allen Farben. Eine der bekanntesten und buntesten ist der **Achat**, der in verschiedenfarbigen konzentrischen Lagen Gesteinshohlräume ausfüllt. Chalcedone mit nur schwarzen und weißen Lagen werden **Onyx** genannt. Roter bis rotbrauner, durchscheinender Chalcedon ist unter der Bezeichnung **Karneol** bekannt, während

die undurchsichtige, braun bis rotbraun, manchmal auch gelblich oder grünlich gefärbte Varietät als **Jaspis** bezeichnet wird. Dunkelgrüner Jaspis mit zahlreichen roten Flecken, die auf Hämatiteinschlüsse zurückzuführen sind, trägt den Handelsnamen **Heliotrop**. Auch der undurchsichtige **Feuerstein**, der als grau oder braun gefärbte Knollen in Kalksteinen eingewachsen ist, wird zu den Chalcedonen gezählt.

VORKOMMEN: Nach Feldspat ist Quarz das häufigste Mineral der Erdkruste. Er tritt als Bestandteil der verschiedensten Gesteinsarten auf. Gut ausgebildete Kristalle findet man in Drusen von Pegmatiten, in pneumatolytischen Gängen, in Erzgängen, auf alpinen Klüften, in Hohlräumen von Marmor oder auch eingewachsen in Sedimentgesteinen.

VERWENDUNG: Die technische Verwendung von Quarz ist überaus vielfältig. Aus den gefärbten Varietäten wurden und werden Schmucksteine und verschiedenste Ziergegenstände gefertigt.

(Großes Bild S. 110: Rauchquarz; Norwegen; 3 cm; S. 111: Amethyst-Zepter auf Limonit; Zillertal/Österreich; bis zu 2 cm; S. 112: Jaspis; Südtirol; 5 cm; Bild oben: Achat; Ruanda; Breite 10 cm)

› Der schwarze **Schörl** ist eine häufige und weit verbreitete Turmalinart. (Tessin/Schweiz; Kristallgröße 1,5 cm)

Turmalin

$AB_9[(OH)_4/(BO_3)_3/Si_6O_{18}]$ (Silikat, allg. Formel)

STRICHFARBE: Weiß
DICHTE UND KRISTALLFORM: 3,0 – 3,3 g/cm^3; trigonal
AUSSEHEN: Die prismatischen, wie Glas glänzenden Kristalle können die Form von dicken, längs gestreiften Säulen bis hin zu dünnen Nadeln haben. Auch derbe Aggregate kommen vor. Turmalin tritt in verschiedenen Varietäten auf, die sich hauptsächlich in der Färbung unterscheiden. Er kann farblos, braun, rosa- bis violettrot, blau- bis grasgrün oder mehrfarbig sein.
VORKOMMEN: Eingewachsen in Graniten und Pegmatiten, aufgewachsen in pneumatolytischen und hydrothermalen Gängen, in Drusen und in alpinen Klüften.
VERWENDUNG: Die schön gefärbten Turmaline sind hoch geschätzte Edelsteine. (Großes Bild: Elbait; Elba/Italien; 2 cm)

TYPISCH

Sieht man aus verschiedenen Perspektiven durch einen Turmalinkristall, erscheint seine Farbe in der einen Richtung hell, in der anderen dunkel.

Euklas

$AlBe[OH/SiO_4]$
(Aluminium-Beryllium-Silikat)

TYPISCH

Die meist vollkommen durchsichtigen, wie Glas glänzenden Euklaskristalle sind gewöhnlich deutlich längs gestreift.

STRICHFARBE: Weiß
DICHTE: 3,0 – 3,1 g/cm³
KRISTALLFORM: Monoklin
AUSSEHEN: Die prismatischen, vorwiegend langsäuligen Kristalle sind meist farblos oder hellgrün und oft völlig durchsichtig. Intensiv blaue, blaugrüne oder gar dunkelgrüne Exemplare sind überaus selten.
VORKOMMEN: Euklas zählt zu den sehr seltenen Mineralien. Er tritt in Drusen von Pegmatiten sowie in alpinen Klüften auf, meist vergesellschaftet mit Quarz oder Plagioklas. Manchmal werden freie, rundlich geschliffene Kristalle in Seifen gefunden.
VERWENDUNG: Gelegentlich, facettiert geschliffen, als Edelstein.
BESONDERES: Durch radioaktive Bestrahlung lässt sich eigentlich farbloser Euklas leicht künstlich blau färben.
(Bild: Zimbabwe; Größe des Kristalls 1,5 cm)

› Dieser 1 cm große Rote Beryll aus Utah (USA) zeigt eine ideale Kristallform.

Beryll

$Al_2Be_3[Si_6O_{18}]$ (Aluminium-Beryllium-Silikat)

STRICHFARBE: Weiß
DICHTE UND KRISTALLFORM: 2,6 – 2,8 g/cm^3; hexagonal
AUSSEHEN: Die Kristalle des Berylls haben im Idealfall einen sechsseitigen Umriss und sind meist lang säulenförmig, seltener dicktafelig ausgebildet. Diejenigen des **Gemeinen Berylls** sind undurchsichtig graugelb bis gelbgrün und können meterlang werden. Bei den edlen, d. h. klaren und schön gefärbten Beryllen unterscheidet man mehrere Farbvarietäten:
Aquamarin ist hell- bis dunkelblau gefärbt, oft mit einem Stich ins Grüne.
Smaragd, die berühmteste und teuerste Beryll-Varietät, zeigt das typische intensive Grün, das als Smaragdgrün bekannt ist, hervorgerufen durch Spuren von Chrom im Kristallaufbau.

TYPISCH
Die fast immer deutlich sechsseitigen Kristalle des Berylls treten entweder eingewachsen und trübe oder aufgewachsen und klar durchsichtig auf.

Goldberyll oder **Heliodor** weist einen kräftigen Gelbton auf, von sattem Goldgelb bis zu einem grünlichen Zitronengelb. **Roter Beryll**, auch unter dem Namen **Bixbit** bekannt, präsentiert sich in intensivem, klarem Karminrot.

VORKOMMEN: Eingewachsen in vielen Pegmatiten; in Hohlräumen und Drusen derselben Pegmatite oft gut ausgebildete Kristalle, ebenso in hydrothermalen Calcitgängen und in Glimmerschiefern; gewöhnlich begleitet von Feldspat, Quarz und Calcit.

VERWENDUNG: Aus dem Gemeinen Beryll wird großtechnisch das Element Beryllium gewonnen, das zur Herstellung säurefester Metalllegierungen gebraucht wird sowie im Reaktorbau und in der Elektronik Verwendung findet. Aus klar durchsichtigem Beryll wurden in der Antike Augengläser als Sehhilfe gefertigt. Unser Wort Brille leitet sich von dem griechischen Wort *beryllos* ab. Die Varietäten Smaragd, Aquamarin und Goldberyll sind von alters her begehrte Edelsteine, die zu herrlichen Schmuckstücken verarbeitet wurden.

(Großes Bild S. 116: Aquamarin; Pakistan; Kristallgröße 6 cm; Bild oben: Smaragd; Kolumbien; Kristallgröße 2 cm)

› Chrysoberyll kommt ausschließlich in gelben und grünen Farbtönen vor. (Brasilien; Größe der Stufe rund 3 cm)

Chrysoberyll

Al_2BeO_4 (Aluminium-Beryllium-Oxid)

STRICHFARBE: Weiß
DICHTE UND KRISTALLFORM: 3,7 g/cm^3; orthorhombisch
AUSSEHEN: Das glasig glänzende, durchsichtige oder durchscheinende Mineral kann gelb oder grün gefärbt sein. Die Varietät **Alexandrit** zeichnet sich durch einen spektakulären Farbwechsel aus: Bei Tageslicht ist dieses Mineral grün, bei künstlicher Beleuchtung rot bis violett.
VORKOMMEN: Sowohl ein- wie aufgewachsen in Pegmatiten und Glimmerschiefern, oft zusammen mit Smaragd.
VERWENDUNG: Insbesondere Alexandrite sind begehrte Edelsteine. Auch der gewöhnliche Chrysoberyll wird gelegentlich zu Schmuck verarbeitet.
(Großes Bild: Indien; 3 cm)

TYPISCH

Nur selten bildet Chrysoberyll Einzelkristalle, in der Regel sind 2 oder 3 zu Zwillings- bzw. Drillingskristallen zusammengewachsen. Die Drillinge weisen stets einen sechsseitigen Umriss auf.

› Seine zarten Farbtöne machten den Topas schon in der Antike zu einem überaus beliebten Edelstein. (Ural; Kristallgröße 4 cm)

Topas

$Al_2[F_2/SiO_4]$ (Aluminium-Silikat)

STRICHFARBE: Weiß
DICHTE UND KRISTALLFORM: 3,5 – 3,6 g/cm^3; orthorhombisch
AUSSEHEN: Kurz- bis langsäulige, wie Glas glänzende Kristalle sind typisch für Topas, doch auch in strahligen oder derben Aggregaten kommt er vor. Er kann sowohl farblos oder weiß wie auch gelb, blau, grün, rot, rosa, violett oder braun gefärbt sein.
VORKOMMEN: In Pegmatiten ebenso wie in pneumatolytischen Lagerstätten, oft in Begleitung von Quarz, Fluorit oder Turmalin; schöne, aber meist nur kleine Kristalle auch in Drusen vulkanischer Gesteine; außerdem als natürlich abgeschliffene Steine in Edelsteinseifen.
VERWENDUNG: Klar durchsichtige Topase sind hoch geschätzte Edelsteine. (Großes Bild: Utah/USA; Kristall 1 cm)

TYPISCH
Topaskristalle zeigen auf ihren Flächen meist deutliche Längsstreifen und unterscheiden sich damit von den quer gestreiften Kristallen des Quarzes.

› Die blaue Varietät des Korunds ist allgemein als Saphir bekannt. (Sri Lanka; Länge des Kristalls 5 cm)

Korund

Al_2O_3 (Aluminium-Oxid)

STRICHFARBE: Weiß
DICHTE UND KRISTALLFORM: 3,9 – 4,1 g/cm³; trigonal
AUSSEHEN: Außer glänzenden Kristallen bildet das Mineral oft auch grobkörnige Aggregate. Gewöhnlicher Korund ist durchscheinend bis undurchsichtig weiß, grau, gelblich, grünlich oder rotbraun. Durchsichtige rote Kristalle werden als **Rubine** besonders geschätzt. Eine durchsichtige blaue Varietät ist der **Saphir**.
VORKOMMEN: Recht verbreitetes Mineral, z. B. in Granit, Gneis und Marmor. Selten und entsprechend wertvoll sind jedoch die rote und blaue Farbvarietät.
VERWENDUNG: Gewöhnlicher Korund wird technisch als Schleifmittel eingesetzt. Rubine und Saphire sind seit Jahrtausenden geschätzte Edelsteine.
(Großes Bild: Rubin; Indien; 3 cm)

TYPISCH
Korundkristalle haben meist die Gestalt von Spindeln, Fässchen oder Tafeln. In der Härte werden sie nur vom Diamant übertroffen.

> In seltenen Fällen verwachsen Diamanten wie dieses 1 cm große Exemplar aus Südafrika zu so genannten Zwillingen.

Diamant

C (Kohlenstoff)

STRICHFARBE: Weiß
DICHTE UND KRISTALLFORM: 3,5 g/cm^3; kubisch
AUSSEHEN: Typische Kristallform des Diamanten ist der Oktaeder, seltener treten würfelförmige Kristalle auf. Diamanten können farblos sein, aber auch weiß, gelb, braun, rötlich, grünlich, blau, grau oder sogar schwarz. Ihr Glanz ist unübertroffen.
VORKOMMEN: Eingewachsen in vulkanischen Gesteinen; bei deren Verwitterung bleiben die Diamanten übrig und sammeln sich in Seifen.
VERWENDUNG: Zum größten Teil werden Diamanten für industrielle Zwecke, zur Herstellung von Schneid-, Schleif- und Bohrwerkzeugen, eingesetzt. Aus schönen Exemplaren wurden und werden wertvolle Schmuckstücke gefertigt. (Großes Bild: Sibirien; 3,5 mm)

TYPISCH
Seine von keinem anderen Mineral übertroffene Härte ist das sicherste Erkennungsmerkmal des Diamanten.

Galenit

KUBISCH
Alle 3 Achsen des Achsenkreuzes sind gleich lang und schneiden sich im rechten Winkel.

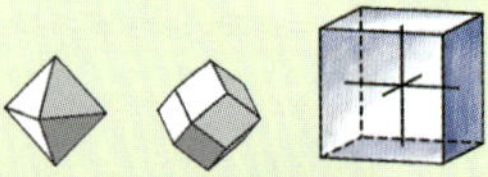

Scheelit

TETRAGONAL
2 Achsen des Achsenkreuzes sind gleich lang, die 3. ist länger oder kürzer. Alle schneiden sich rechtwinklig.

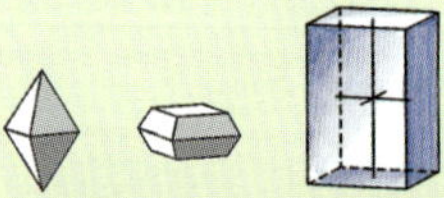

Beryll

HEXAGONAL
3 gleich lange Achsen des Achsenkreuzes liegen in einer Ebene und schneiden sich unter 120 Grad. Die 4. Achse ist länger oder kürzer und steht senkrecht auf dieser Ebene.

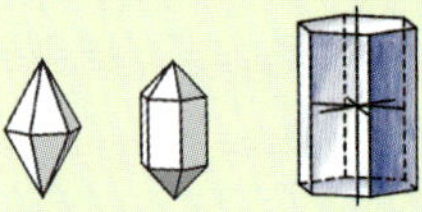

Rhodochrosit

TRIGONAL
Die Achsen des Achsenkreuzes verhalten sich wie beim hexagonalen System, nur ist die Grundfläche des idealen Kristalls nicht sechseckig, sondern dreieckig.

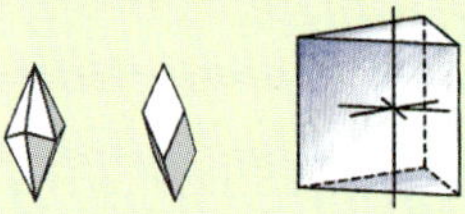

ORTHORHOMBISCH

Alle 3 Achsen des Achsenkreuzes sind verschieden lang, sie schneiden sich jeweils im rechten Winkel.

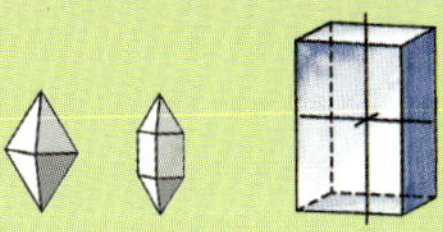

Topas

MONOKLIN

Alle 3 Achsen des Achsenkreuzes sind verschieden lang. 2 davon schneiden sich rechtwinklig, der Winkel der 3. zu diesen beiden ist ungleich 90 Grad.

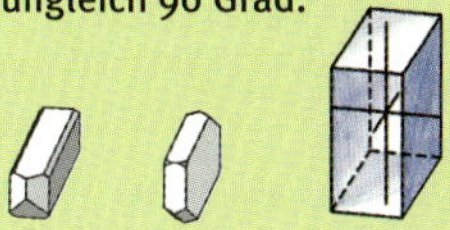

Euklas

TRIKLIN

Alle 3 Achsen des Achsenkreuzes sind verschieden lang, die Winkel dazwischen sind beliebig, aber allesamt ungleich 90 Grad.

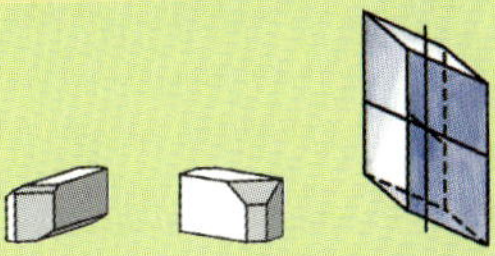

Axinit

Mineralien-register A–Z

Wichtige Fachbegriffe

AGGREGAT
Unregelmäßige Verwachsung von mehreren Kristallen der gleichen Art; kann im Aussehen z. B. krustig oder erdig, nieren- oder traubenförmig, kugelig, stängelig oder büschelig, rosettenförmig oder blättrig sein.

ALPINE KLÜFTE
Hohlräume in silikatischen Gesteinen, aufgrund von Spannungszuständen entstanden und ganz oder teilweise mit Mineralbildungen gefüllt; verlaufen stets senkrecht zur Schieferung des Gesteins; enthalten oft sehr große Kristalle.

AMORPH
Nicht kristallin; Bezeichnung für Mineralien, die keine innere Kristallstruktur aufweisen.

ANFLUG
Feinste Kristalle, die einer Unterlage aufsitzen, als seien sie hingeweht.

ANLAUFFARBEN
Oberflächliche Oxidationsschicht des Mineralstücks, die eine völlig andere Färbung vortäuschen kann; bei manchen Arten auch bunt schillernd.

BRUCH
Trennungsflächen, die keine regelmäßigen, glatten Spaltflächen sind. Bruchflächen können z. B. muschelig, uneben oder blättrig aussehen. Bei einem spätigen Bruch weisen die Flächen lauter kleine Stufen auf. Unter Umständen muss man eine Lupe verwenden, um die Oberflächenstruktur von Bruchflächen erkennen zu können.

DERB
Nicht von sichtbaren Kristallflächen, sondern nur von unregelmäßigen Bruchflächen begrenzt.

DRUSE
Rundlicher oder ovaler Hohlraum im Gestein, in dem Kristalle wachsen.

GANG
Spalte oder Riss im Gestein, der durch Mineralbildungen ausgefüllt ist.

GEDIEGEN
Bezeichnung für Metalle, die in elementarer Form in natürlichen Lagerstätten auftreten. Auch Schwefel, ein Nichtmetall, kommt in gediegener Form vor.

HYDROTHERMALER GANG
Gang, bei dem die ausfüllenden Mineralien aus einer mehr oder weniger heißen Lösung auskristallisiert sind.

KRISTALLFORMEN
Ein idealer Kristall stellt in seiner Regelmäßigkeit immer einen geometrischen Körper dar. Zur Beschreibung dienen neben alltagssprachlichen Wörtern wie tafelig oder nadelig auch Begriffe aus der Geometrie, z. B.
oktaedrisch: von 8 gleichen Flächen begrenzte Doppelpyramide;
rhomboedrisch: mit 6 rhombenförmigen Flächen;
prismatisch: mit paralleler Grund- und Deckfläche.

OXIDATIONSZONE
Bereich einer Minerallagerstätte nahe der Erdoberfläche, der dem Einfluss der Verwitterung ausgesetzt ist, weil Luft und Wasser zutreten können.

PEGMATITE
Besonders grobkörnige Gesteine, häufig in Gängen oder linsenförmigen Körpern in Tiefengestein. In Pegmatiten sind Mineralien oft in Form großer Kristalle eingewachsen.

SEIFE
Anreicherung von besonders verwitterungsbeständigen, schweren Mineralien, z. B. Gold, Granat oder Rutil, an strömungsarmen Stellen in Flüssen oder Bächen, manchmal auch am Meeresstrand oder in der Brandungszone.

SPALTBARKEIT
Zahlreiche Mineralien zerfallen unter einem Hammerschlag in Spaltstücke mit ebenen Flächen. Ob sich ein Mineral spalten lässt und, wenn ja, wie leicht und in welche Teile es dabei zerfällt, hängt von der Struktur seines Kristallgitters ab, ist also eine charakteristische Eigenschaft des Minerals.

STUFE
Aggregat mit mehreren Kristallen, die mehr oder weniger einzeln stehen. Die Kristalle können dabei von der gleichen oder von verschiedenen Mineralarten sein.

VARIETÄT
Abart eines Minerals, die sich durch eine besondere Farbe oder Ausbildungsform unterscheidet.

Bildnachweis und Impressum

Titelbild: Cavansit; Seite 2/3: Agardit, Chalkanthit, Cinnabarit, Auripigment, Manganit, Chalkopyrit, Beryll (jeweils von oben nach unten); Seite 10/11: Rhodochrosit; Rückseite: Dioptas (li.), Rhodochrosit (re.)

Die Fotografen
Alle Fotos stammen aus dem Archiv Lapis (Fotografen: Hochleitner und Weiß).

Wichtiger Hinweis
Die Daten und Fakten dieses Ratgebers wurden mit äußerster Sorgfalt recherchiert und geprüft. Dennoch kann eine Garantie nicht übernommen werden. Eine Haftung des Verlages für Personen-, Sach- und Vermögensschäden ist ausgeschlossen.

Redaktionsleitung: Anita Zellner
Text und Redaktion: Dr. Helga Hofmann
Umschlaggestaltung: independent Medien-Design
Layout: H. Bornemann Design
Zeichnungen: Johann Brandstetter
Satz: Filmsatz Schröter, München
Produktion: Petra Roth
Repro: Penta, München
Druck und Bindung: Auer, Donauwörth
Printed in Germany
ISBN 3-7742-5693-4

Auflage 5. 4. 3. 2.
Jahr 2006 05 04 03

GRÄFE UND UNZER

Ein Unternehmen der
GANSKE VERLAGSGRUPPE